恋味

李韬 著

味在舌尖心无间

上海社会科学院出版社
SHANGHAI ACADEMY OF SOCIAL SCIENCES PRESS

| 前言 | 食物与情感的一场相互成就

　　食物和情感其实在理论上是两个层面的事情，你看马斯洛的需求理论，人的需求的初级阶段中第一层次就是生理需求，包括对食物的需求。而到了中级需求阶段即第三层、第四层之后，才分别出现了友情、爱情和信心、成就、尊重等情感的需求。但是，在实际情况中，食物和情感是很难分开的，因为它们都经由一个主体而体现，那就是"人"。

　　通过人，食物和情感出现了联结，食物在舌尖上跳舞，情感在血液里歌唱。食物延续了人类的生命，情感寄托了人类的精神。所以像苏东坡这样的大文人，他的情感佳作中，往往闪现食物的光辉。所以，我们自然而然地把评价食物好坏的标准明确为：是否能够引起人的情感触动。

　　这种触动曾经并且持续地生成美好，而美好的食物和美好的情感是一样的，不掺杂利益的纠葛，不臣服于世俗的偏见，不表现出任何傲慢和无理。一如三个人并头分享那碗阳春面，它们之所以美好，也是基于它们之间的相互成就。

　　所以，我记忆深刻的食物，往往都是在口腹之欲外它对我某一点的触动。而我心目中好的食物必须符合如下的几个特点：

1. 随顺一个地方的风土。风土是一个地方凝成的整体情感，美好的食物其实都是风土的吟唱，例如香槟带给我的回味，还比如云贵川人民甘之如饴的鱼腥草，对很多北方人而言简直是一场灾难。

2. 做而有情，情使食美。制作食物的技艺有高有低，然而支撑记忆的依然是情感。我 2015 年去四川丹棱拜访曹八孃，老人家时年 75 岁，从 9 岁开始做米豆腐，一做就做了 60 多年。那是我吃过的最好吃的米豆腐和黑凉粉，固然有老人家精湛的技艺在其中，然而看到老人家头发依然梳得一丝不乱，叠成几叠盘在脑后，围裙应该是浆洗过，挺括而干净，所有的调料缸都是旧的，然而擦得发出温润的光泽。我在品尝那些食物的时候，肃然起敬。

3. 吃而有度，发现食材的深度。这几年我们的物质极度的丰富，食材的广度达到了前所未有的程度——法国的黑松露、布列塔尼的蓝龙虾、俄罗斯的鲟鱼子、日本的熊本蚝、关东参，什么澳龙、波龙就更别提了，甚至都有了普及的趋势。我曾经和很多所谓的"美食家"一样，津津乐道自己所吃过的美味，那些稀有的食材和所谓的顶级奢侈。我是在受邀参加一场蓝鳍金枪鱼解体秀之后，开始正视自己的内心——我真的需要这种顶级、稀少的食材来满足自己的虚荣而证明自己的美食品位吗？我从 2015 年年初开始吃素，一方面有信仰的使然，更多的还是我觉得必须回到美食的最初：那些常见的、平民的食材如何做出有情感的美味？也就是说"食材的深度"应该是美食家研究的终极课题。

我们回到"相互成就"。因为相互成就，所以食物能给予爱。好的食物，不仅需要烹饪者用心，更需要食用者领情。因为相互成就，所以我们能享受到爱。好的食客，不是吃得多、吃得豪奢，而是发掘并理解食物背后的情感，以及那些对自己人生片段的触动。

我想做一个好的食客，我写下食物对我的那些触动与你分享，我想，这也是我能为食物做的一件事情，来表达我对食物言不及万一的感恩。

目录 | Contents

河海之鲜

沁脾香菌

水土鲜蔬

元气谷物

原野牛羊

豆之精华

吃毛豆腐，让我想起黄世仁

黄世仁，是在我们和我们的父母这两代人中知名度很高的一个大坏蛋。和现在的文艺作品不同，现在的文艺作品注重于发掘人物的两面性，所以，看完之后你会完全弄不清他算好人还是坏人，因为分类标准不同了。小时候看的文艺作品不一样，就是人物的性格或者说是性质是很鲜明的。黄世仁绝对是一个"黄世坏"，他把喜儿逼得父丧家亡，还躲进深山因为缺盐少阳光成为"白毛女"。

我第一次见大理的臭豆腐，是在大理海东的菜市场。一木板箱一木板箱摞在一起的都是披着厚厚白毛的豆腐，那毛又细又长又密，颜色莹白，像极了安哥拉的长毛兔。偏偏我又喜欢吃，只不过每回吃的时候，我都觉得自己像是黄世仁。

做毛豆腐需要发酵，离不开菌种。传统上是在热天里把新鲜的板豆腐放些稻草捂着，不多久，豆腐就会长出白色或者微黄的真菌丝，也会发出淡淡的臭味。但是和北京的臭豆腐不同，豆腐本身的颜色除了变成乳黄并不发黑，而且臭味也不浓烈，是那种蛋白质发酵分解的味道。

臭豆腐吃起来的感觉和鲜豆腐比起来，最突出的就是一个"软"字。这个软是那种绵而不烂、化而无渣的软，可是滋味却浓郁了，完全不像鲜豆腐或多或少会有一点豆腥气，而是臭里带着香，丰腴里带着厚重。从性质上来说也很像白毛女得见天日后，内质里蕴藏着巨大的阶级仇恨而后转化为高昂的革命热情。苦难不是一件好事，但是如果人经苦难而不倒，这样的人就是坚韧的。芭蕾舞剧《白毛女》把故事的结尾处理成喜儿参加八路军，申冤报仇后走上新的革命道路，就非常高明。

咱接着说回臭豆腐。臭豆腐在大理，通常见的吃法是烤。一个废旧搪瓷脸盆，铺上一层木炭，然后用个方格网眼算子架在盆上，把毛豆腐一块一块放在上面慢慢两面烤黄，这个过程里毛就一点都看不见了，然后用竹签子穿起来撒上干的辣子面和盐，就可以边走边吃了。也可以在平底油锅里放一点点油，慢慢地煎了来，豆腐被热油一激，那散发出的臭味就更足一些了，但是相比湖南的油炸臭干子，那是基本闻不出来的。

我大理的好几个朋友喜欢吃蒸臭豆腐。在陶钵里把臭豆腐搅碎成茸糜，加上炼好的辣子油，上蒸笼蒸透，出笼后再撒上剁细的芫荽和葱花，吃起来就更加绵软爽滑，回味无穷。毛豆腐也不是上不了台面，在家里，我们爱做毛豆腐炒猪血配蒜苗。还是先把毛豆腐煎好，然后把蒜苗切了菱形段。这个蒜苗不强求用香蒜苗，大蒜苗倒是更能配合毛豆腐的味道。然后猪血切成一寸见方的小块，最好用开水余一下，把锅烧热滑油，撒入切好的姜米和葱花，把猪血也煎一下，然后撒蒜苗翻炒，最后再下入毛豆腐，共同炒熟，就可以出锅了。蒜苗的脆韧和猪血的滑嫩、毛豆腐的绵软在口感上正好相得益彰，而那些担心毛豆腐有什么硝酸盐物质的人，猪血正好发挥解毒功效，也大可放心食用。当然我和当地人都是很放心的，毕竟他们已经吃了 1 000 多年了。

大理的回族同胞也多，他们吃毛豆腐的法子多数是做牛肉汤。把臭豆腐切成两寸见方的块，也多用蒜苗作配菜，洗净切成斜刀段。锅里油到五六分热，下臭豆腐慢慢煎成两面黄，下蒜苗颠翻几下，然后注入煮好的牛肉汤，再加盐、味精、白胡椒粉，煮 2 分钟，出锅后，再撒上煳辣椒面或者另用辣椒、香菜作了蘸水来吃。

害喜儿成了白毛女的黄世仁是应该被彻底专政的，不过对于爱吃白毛臭豆腐的我，每次去赶集，卖毛豆腐的大娘倒是很喜欢我的。

三种豆粉

食素之后，体重上升，发现自己的饮食结构有些问题。大部分素食者淀粉类的物质摄入过多，而纤维素、矿物质和蛋白质摄入不够。豆类是素食者的福音，鹰嘴豆、芸豆、豌豆、红豆、绿豆、黄豆、黑豆……都是很好的食物营养补充。

云南的各种杂粮很多，其中豆类又是"大腕"，当然唱主角的是豌豆。我喜欢在菜市场买回新鲜的豌豆荚，看着胖嘟嘟圆溜溜的青豌豆从自己的手里滚出来，觉得一种生活的喜悦。把豌豆用清水洗了，切小小的云腿丁，一定要用宣威的火腿，不是为了其他的，就是喜欢正宗的云南味儿。然后用油略炒再加水焖一小会儿，就是很好的云腿豆丁了。

这是在家里。在街上、赶庙会、火把节、三月街的时候，我往往不按点吃什么正餐，就是寻了豌豆的小吃来不时尝尝鲜。我最常吃的是豌豆粉。豌豆粉是将干豌豆淘洗干净，晒干，磨成豆瓣，除去皮，再磨成粉，过箩筛，筛出细面入盆兑入清水搅成浆，还要加上少许盐巴。然后把粉浆上锅熬制成稠浆，成为稀豆粉，盛入瓦盆冷却凝固后，翻扣在木板上，盖上湿纱布，就成为一大砣人人喜爱的豌豆粉了。做好的豌豆粉状若凝脂，色如黄玉，还有如同豌豆薄饼的豌豆锅巴皮，一看就诱人食欲。

不过，当老妈妈拌好豌豆粉后，你的食欲一定会更加炽盛。豌豆粉的摊子一般都是小平板推车，一边放着几大砣豌豆粉或者卷粉，一边便是不同的调料罐子，后面是碗筷和老妈妈的一些工具。车前还要放置两三条板凳，供客人坐了细细品尝。那些调料是白醋、姜水、蒜水、花生碎、芝麻油、花椒油、盐、胡椒面、红辣子油，还有切得细细的白萝卜丝和绿莹莹的韭菜段。老妈妈一边熟练地将豌豆粉切成薄条入碗，一边嘴里说着好听的大理话："咸点？甜点？辣椒葛（可）要？"然后左手托着两个碗，右手快速地在各种调料之间运动着，只见小勺忽上忽下、忽左忽右地一番飞舞，随着客人的回应，一眨眼的工夫调料就全部加完了，一大碗香喷喷、让你流口水的豌豆粉就盛装出现在你的面前。

有的时候还不是很饿，又觉得走得疲乏，便去喝稀豆粉。稀豆粉就是豌豆粉的前身。敞口大陶碗装了稠乎乎的稀豆粉，撒了松枝烘烤的荞面薄饼丝，又用脆生生、油汪汪的老油条块堆了顶，底层莹白，其上几分灰褐，再上冒尖的金黄，顶上则是氤氲的热气，我只怨自己的胃口小。经过稀豆粉浸泡过的油条、荞丝，软软的，香香的，吃起来非常爽口，吃完了浑身舒畅。

还有一个豌豆的远亲是"鸡豌豆"，后来就简称为鸡豆。鸡豆，其实是产自丽江的一种豆子，比绿豆还小，像是鸡的小眼睛。豆子磨面滤浆冷却成形做成凉粉，就是鸡豆粉了。鸡豆粉色泽绿灰，像是山西等地的绿豆凉粉，可是又没有那么透亮和有弹性，不过味道也是一样的好吃。鸡豆粉可以凉吃也可以热吃。凉吃可拌醋、酱油、葱花、韭菜、辣椒面及大蒜茸、椒麻油，消暑开胃；热吃是把鸡豆粉切成不规则小块，用平底锅加油两面煎黄，再加上调料，放点韭菜、香菜，味道就香了起来。在潺潺流水旁，木桌上一盆开得正好的水仙，吃一碗鸡豆粉，人生快事也哉！

老北京的麻豆腐

北京也许是饮食最多、最杂的城市。作为中国最后两个皇朝的都城和新中国的首都，在离我们最近的 600 多年间，北京成为国人心中至高无上的城市。这拱卫中央的京畿重地，也成为各路商家争相涌入的宝地，当然也有各地饮食。无论闽粤海鲜还是漠北驼掌，也无论满汉全席还是傣味小吃，在京城找起来都是毫无困难。

作为自己独特的饮食来说，北京小吃没有江南点心那般花红柳绿、温婉香甜；也没有新疆风味那般充满异域风情，到处散发着孜然特殊的香气；也不像云南美食那般充满自然的馨香，原料多种多样。然而，北京的小吃除了北京，不可能再有这样的食物出现，让人一看到它们，就明白这种食物出身的地方叫作京城。

北京的众多风味饮食里，我喜欢的很多。甜的、咸的、炒的、炸的、软的、酥的……各种口味都有，不过怎么都少不了炒麻豆腐。麻豆腐的原料是制粉丝的下脚料，也就是湿绿豆渣儿。北京以前做粉条的作坊叫作"粉房"，但也有副产品。北方做粉条喜欢做绿豆粉条，把豆子放在石磨上一碾，随碾随加水，同时这豆子就分成了三种东西。顶细的成了豆浆，是正品，用来做绿豆淀粉；顶稀的成了汁儿，即是豆汁；中间一层稠糊凝滞的暗绿色粉浆，装入布袋加热一煮，滤去水分，就是麻豆腐。别小看粉房，以前北方粉条的用量是很大的。北京有不少粉房集中的区域。西城区已经拆了的粉房琉璃街就是从明朝绵延下来的粉条生产集中地。这条街曾经发生过惊心动魄的大事。原粉房琉璃街 115 号是广东新会会馆，曾经住过一个意气风发的年轻人，他把自己的居所命名为"饮冰室"，饮冰室主人就是梁启超。而粉房琉璃街的西面有一条胡同叫米市胡同，康有为故居就位于这里的 43 号，这里本来是原广东南海会馆，是康有为在北京时的住所。

咱们说回炒麻豆腐。炒麻豆腐要用羊油，而且还要用羊尾油。正宗的麻豆腐的四种必备原料就是羊尾油、雪里蕻、黄酱、青韭。炒麻豆腐，用羊尾油是为了增加油香，加一些雪里蕻是为了让炒出的麻豆腐有筋骨。为了提咸味和增加豆香气，要加黄酱一起炒。炒得之后，用勺子在麻豆腐中间打个窝，中间加入炸好的辣椒油，周围则要撒上青韭。青韭比普通韭菜细，葱芯绿，用刀一切满屋子都会飘着韭菜的香气，最重要的是烫熟之后没有老韭菜的臭味儿。现在不好找了，有的用嫩青豆代替也是不错的选择。炒好的麻豆腐，四周浸出一汪黄色的油来，麻豆腐颜色灰绿，微酸带甜，麻辣清香，很是开胃。

炒麻豆腐雅俗共赏，普通百姓爱吃，有钱人也爱吃，很多人吃得上瘾，过往的梨园界名角大腕，也大都好吃这一口。著名京剧大师马连良先生就是其中的一个，并且还擅于制作麻豆腐。梅兰芳先生的夫人福芝芳女士也爱吃炒麻豆腐，每至冬季，马先生常把炒好的麻豆腐亲自送到梅家，多是用一个大白手绢提着盆，一进院就喊："大嫂，我给您送您爱吃的炒麻豆腐来了。"梅夫人也要到院内迎接，并说："让您'费心'了，三哥。""费心"二字，说得很有分寸，因为麻豆腐本身很便宜，如果说"破费"就不恰当，说"费心"就更能见到马先生的良苦用心。世事洞明皆学问，人情练达即文章，你看，小吃之所以不小，处处都是学问啊。

淮扬好，干丝似个长

我爸妈退休后，一直想找个山清水秀的地方养老，后来举家搬迁，从山西搬到大理。搬到大理后一切都很合心意，就连老陈醋超市里都有很多山西的牌子。唯一没有的，是山西的豆腐干和北方的干黄酱。曾经一年从北京回一次大理的我，带的主要物品就是六必居的干黄酱，这个问题后来基本解决。可是豆腐干确实不好带，时间一长，其实也就半天时间，豆制品就腐坏变质了。父母总是说豆腐干的问题，我才终于正视原来"豆腐干"确实是个"问题"。

　　等对豆腐干上心之后，我才知道豆腐干确实也有很多种。一般厂家喜欢从工艺上来分类：卤豆腐干、炸豆腐干、熏豆腐干、蒸豆腐干、炒豆腐干。卤豆腐干最常见，豆腐干的入味依靠卤水卤制；炸豆腐干比较少，但是也很好吃，因为豆制品还是很"吃油"的，有的地方做的豆腐干叫"油丝"，就是炸豆腐干切丝；熏豆腐干，一般生活里就叫"熏干"，使用烟熏工艺把豆腐干加工成带有熏香味的产品；蒸豆腐干是用蒸煮的工艺入味，最常见的是素鸡；炒豆腐干是通过豆腐干的炒制，达到复合味道的感觉，比如很有名的斋菜"甜辣乾"和素火腿。现在豆腐干的加工工艺都比较复合，多种工艺结合制成素鱼香肉丝、素鸭子、素牛肉等，倒也比较适合快节奏的生活。

　　问题是，这些产品还真没有以前的豆腐干好吃。虽然那种豆腐干都很朴素，可是正因为朴素才有豆腐干真正的美味。山西太原最传统的豆腐干是黑而硬的，用酱油和五香粉卤的。大理的豆腐干都是白干，质地不够紧密，吃起来韵味不足。我偏爱五香豆腐干，因为味道比较浓郁。然而，白干也不是不好，关键是看怎么做，白干制成干丝，或煮或烫，都是我大爱的美味。

　　干丝菜品做得好的是南京和扬州，它们都是我喜欢的城市。干丝菜品的做法主要有两种，一个是烫，一个是煮。最出名的是煮干丝，其中最经典的是鸡火煮干丝。这个"鸡"是指鸡肉和鸡汤，"火"是指火腿。鸡火煮干丝是由清代的九丝汤和烫干丝发展而成的。九丝汤中的"九丝"是豆腐干丝、口蘑丝、银鱼丝、玉笋丝、紫菜丝、蛋皮丝、生鸡丝、火腿丝、鸡肉丝，加鸡汤、肉骨头汤煎煮，美味尽入干丝。后来因原料繁杂，因陋就简，就多用豆腐干丝、鸡肉丝与火腿丝来作原料，又借鉴烫干丝的做法，反复地汆烫，将干丝中的豆腥味尽除。做好的鸡火煮干丝，干丝洁白，汤汁金黄，味鲜绵软，鲜美之气浓郁。

　　但要说到原汁原味，不像鸡火煮干丝那样辅料的光环太过耀眼，而是纯粹以干丝为主角的，是烫干丝。我在扬州，最喜欢的餐厅是扬州老三春中的共和春。富春茶社人满为患，餐厅不可承其重，故而菜品一塌糊涂；冶春茶社同样如此，很难精细。共和春最土，现在已变成中式快餐店，客人以本地顾客为主，那里饭菜可口，透着人情味。共和春的烫干丝是明档操作，能看见大姐把干丝反复汆烫，放进盘子里搅成一个塔状，然后加上酱油、香菜等调味，步骤简单，却又如行云流水般流畅，勾起食客期待。一尝，果然不负众望，干丝的味道很正，被酱油衬托得很好，然后又能慢慢分辨出虾米的香，和干丝微微的腥配合得严丝合缝，最后压着这个味道的是姜丝的辛香和芫荽的异香，在细致中显出明艳的泼辣。

吃完烫干丝，信步走到我最喜欢的扬州园林——个园中，看着竹影婆娑，心中的美好情愫油然升起。

把往事酿成腐乳

在中国，腐乳无处不在，而且腐乳的发明和豆腐的发明一样，都是那么伟大而福泽绵长。有名的腐乳不少，北京的玫瑰酱豆腐、王致和臭豆腐，云南的路南石林油卤腐，黑龙江的克东腐乳，广西的桂林腐乳，广东的水口腐乳，四川的海会寺白菜腐乳，等等，当然，还有台湾的腐乳。

台湾的腐乳常见的有几个类型：一种是甜酒白腐乳。乳黄色的小方块，口感绵软，入口是鲜甜，然后有咸的感觉，一般都会有发酵过的黄色的豆瓣、清淡的汁液和腐乳相配合。另外一种是麻油辣腐乳。在白腐乳的基础上，加了辣椒粉和芝麻油，香辣油滑，又有腐乳特殊的香味。还有一种是水果腐乳，常见的有梅子腐乳和凤梨腐乳，是用白腐乳加了水果，更加清甜，有浓浓的果香。最后一种是红曲腐乳，就像我们说的酱豆腐。但是这其中，我最喜欢的还是甜酒白腐乳。

不管哪种腐乳，总归要使用豆腐进行发酵，形成菌丝体后再加上卤汁浸泡腌制入味。别看只是一小块腐乳，却是手工制作，工序多多，注意事项也不少。首先是选择豆腐的时候，豆腐的含水量是个大问题。豆腐里面的水分多，豆腐软，做出的腐乳不成形；豆腐里面水分太少，豆腐发干，真菌菌丝就不好快速生长。一般来说，科学的数据是豆腐的含水量在 70% 左右。豆腐需要使用稻草或者棕叶等引发真菌生长，这个过程需要 5 天左右，温度必须在 15 ～ 18 摄氏度之间，否则也会影响真菌生长。当直立的菌丝已经呈现明显的白色或青灰色毛状后，还要将豆腐摊晾一天，为的是散掉发酵产生的霉味以及减少豆腐在发酵过程中产生的

热量。当豆腐凉透以后，就成为长满毛霉的腐乳毛坯，这个时候就可以用卤汁腌制了。再加上米酒、盐、糖、花椒、桂皮、姜、大豆粒等制成的甜酒卤汁，密封泡制六个月，一罐可口美味的甜酒白腐乳就可以食用了。

欣叶的 Alice 曾经送了我一大瓶甜酒白腐乳，里面能够清楚地看见黄色的如同水豆豉的豆瓣和呈小方块的白腐乳。腐乳本身滑腻如脂，用筷子头刮一小层下来送进嘴里一抿，有一种特有的腐乳香，不但并不怎么咸还带着回甜，一顿饭我可以吃两大块。蒸鱼时抹在鱼身上也别有一番风味。

仔细想想，我为什么喜欢腐乳？因为它像是往事。随着年龄的增长，有的时候我也开始回忆过去。把往事酿成红酒，你会享受醇美的香气，别人也会欣赏你光鲜的生活；把往事酿成腐乳，也许更多的味道只有自己知道，可是却可以伴你一生，永远都不会相厌。

臭干子

湖南有两点让我常能想起，一是岳麓山；二是臭干子。岳麓山位于长沙市湘江西岸，山上面有两个著名的景点：爱晚亭和岳麓书院。爱晚亭始建于清乾隆五十七年（1792 年），由岳麓书院院长罗典创建。与安徽滁县的醉翁亭、杭州西湖的湖心亭、北京陶然亭公园的陶然亭并称中国"四大名亭"。爱晚亭原名红叶亭，又名爱枫亭。后来根据杜牧"远上寒山石径斜，白云生处有人家。停车坐爱枫林晚，霜叶红于二月花"的诗句，更名为爱晚亭。现在的"爱晚亭"亭额由毛泽东主席亲笔所书。有一年我去岳麓山，枫叶正红，那天阳光也好，从枫叶中透射下来，把红叶映得半透明，如红玉一般，我坐在爱晚亭前小坡的一块石头上，看了很久。

岳麓书院与白鹿洞书院、嵩阳书院、应天书院并称中国古代"四大书院"，也是中国现存最完好的一座古代书院。如今它应该是湖南大学的一部分，是个文脉灵气汇聚的地方，自是佳处。

湖南有名的还有的就是红烧肉和臭干子了。臭干子在北京也有不少地方卖，那是真得臭，有的时候路过小摊，朋友偶尔会买一些与我分享，我直接远离，不是我不爱吃臭干子，是他们做得不对。

臭干子其实是我去湖南的必点菜。喜欢长沙火宫殿里油炸臭干子那义无反顾的臭，带着热气，轰轰烈烈，自有逐臭之夫如我大快朵颐。连毛主席吃过了，都说："火宫殿的臭豆腐，还是好吃。"

臭干子的臭来源于豆腐发酵。所以这种臭，不是其他的异味，而是发酵的味道。但是臭干子的发酵和北京臭豆腐还不同，它是水豆腐菌丝发酵，相当于云南毛豆腐或者日本纳豆那种。所以臭干子的臭是从内至外的。听说不良之人弄些臭汁，涂在豆腐块上也混充臭干子，那是另外一回事了。

臭干子入锅炸之前，确实也要浸汁。这个汁也有一点臭味，因为是腌芥菜等的汁水，加上豆豉、香菇、冬笋、虾皮，先用武火烧沸再用文火熬煮出味，然后过滤，加上绍酒还有以前剩的老卤的底子，放在干净的陶缸里盖好盖，发酵几个月，再出来的就是黑中泛绿的臭香卤了。然后把发酵好的豆腐切成小块，泡在卤水里半个月，就可以油炸了。炸好的臭干子要钻小孔，把辣椒粉、香油、酱油滴进去，这样吃的时候味才更足，臭干子才会外面芳香松脆，里面绵软辣爽。

可惜现今的臭干子，一般都个头太小，蘸料也是撒在盘子周围，等你自己去蘸，所以嚼在嘴里虽然尚且酥脆有加，可是感觉就像隔靴搔痒般不过瘾。而那些蘸些臭汁就做的，那是浮在表面的臭，真的是不忍闻，也难以下咽啊。

干炸响铃

我是 2014 年年底开始吃素的，蛋奶素，就是只吃鸡蛋、牛奶、蔬菜、水果，不吃一切肉类。以前也断断续续地吃过两次素，每次坚持大约半年，就开始怀念肉。我从不和自己的内心较劲，想吃肉，那就吃回去。2014 年这次吃素，我对肉没什么想法了。每天中午吃食堂，那就吃肉边菜，一早一晚自己做，那就蔬菜豆腐保平安，别人在我旁边吃葱烧海参、回锅肉，没事，你吃你的，我没想法。

我也从来不认为吃素就比吃肉高尚，吃素也不应该和宗教画等号。在吃素这件事上，或者基于健康的需求，或者基于慈悲的思索，或者基于口味的选择，无有高下之分。佛教徒因为慈悲而回避口腹之欲，对治的也是贪念，那是非常高妙的思维模式。但是如果一家素菜馆动辄佛像林立、檀香缭绕、施斋念佛，我觉得并不令人舒畅。推行宗教如果过于执着，往往会取得相反的效果，甚至有的时候显得宗教过于世俗化，也不是传达的完整体系。宗教，应该有自己的道场，而不是依靠一个餐馆去做表象的传递。

但是吃素会让人变得相对平和，这确实是个好处。吃亏是福、难得糊涂，这种心态有的时候是非常有意义的，尤其对做生意的人来说。干炸响铃这种看似简单实则美味的菜品背后，也有隐藏的人文精神。

开饭馆的，最愿意和气生财，最怕顾客找茬。故事发生在杭州，故事的主角是豆腐皮。故事是这样的：从前，杭州城里有邻近的两饭馆，一个馆子生意好，豆腐皮有天卖断货了。生意不好的那家饭馆纠集了一些地痞流氓，就到这家饭馆去点豆腐皮吃，没有就要砸馆子。正拉扯间，有一客人出门骑马绝尘而去，一转眼马铃声又再度响起，顾客手托一包豆腐皮给店家，让他应付这些地痞流氓。事件平息了，饭馆老板感谢恩人，恩人说我豆腐皮还没吃够，你再给我做份豆腐皮就行了。老板一想，恩人真是快马加鞭，马铃铛响的那叫一个欢快。于是决定把豆腐皮做成马铃铛形状，那就不能煮了，只能炸了才能定型。也不能就给恩人吃豆腐皮，怎么也得来点荤的。于是把猪里脊肉剁成茸，加上鸡蛋、盐、绍酒拌匀，然后把肉茸抹在豆腐皮上，裹成圆筒形，切成小段，入油锅炸至金黄装盘，再配上点葱花等作佐料。恩人一尝，咬在嘴里酥脆带响，又像马铃铛形状，干脆就叫"干炸响铃"。

千古名吃就这样诞生了，我在杭州第一次吃的时候，觉得有烤鸭般的味道。不过让我纠结的是，我怎么也看不出来它是个铃铛的形状。纠结了十几年，后来去云南看茶马古道，看见真正的马铃铛。原来不是教堂里面的铃铛形，就是一圆柱形小铁桶，里面有根铁棍而已。我才终于释怀了。

伤心凉粉

客家，是个很有意思的群体，因为它并不是一个民族，而是汉族的一部分，但是它又非常的神秘。早期的说法是客家起源于福建，但是我翻阅了不少资料，最新的研究认为客家发源于南京。所谓客家人，是指在中国历史上，因为战乱、贬谪、经商等原因从中原大规模直接迁徙定居到南方的先民后代，他们现在多定居在闽、粤、赣地区或者旅居海外，形成了自己独特的文化。历史上客家先民第一次大迁徙，即"八王之乱，五胡乱华"导致的"五马渡江""衣冠南渡"，其目的地正是当时称之为"建康"的南京。西晋末年，内外交困的西晋朝廷对北方蛮族入侵毫无招架之力，永嘉元年，晋怀帝使用王导计策，渡江迁都南京。北方士族也随怀帝渡江，后来琅琊王成为中宗元皇帝，建立了东晋王朝。东晋王朝在北方士民渡江后，在南方设立侨州、侨郡、侨县，流民"侨而置本土，加以南名"，"客而家焉"。于是在北方流民聚居地建康，"客家"作为一个新兴民系正式诞生，并慢慢形成了自己的文化和民俗风情。

但是我怎么也没想到，四川是有客家人的，而且有一个客家古镇——洛带。在成都周边，洛带是我非常喜欢的一个古镇。洛带古镇属于龙泉驿区，最早建于三国蜀汉时期，传说因蜀汉后主刘禅的玉带落入镇旁的八角井中而得名。镇上有2万多客家居民，占全镇人数的9成，故这里有中国"西部客家第一镇"之称。他们常用一种叫客家话的方言，这种方言里保存着一些古汉语的音韵，洛带人称其所讲客家方言为"土广东话"，与客家方言标准音广东梅县话一致，比如穿衣，他们的话为"着衫"、下雨为"落水"等。让我们这些听惯了四川话、"川普"的人觉得很有意思。

洛带的很多饮食，能看出客家人的风格，比如油烫鹅。四川人吃鸭子很多，传统美食樟茶鸭的食用量很大，但是他们传统上很少吃鹅肉。洛带客家的油烫鹅虽然也烟熏，但是基本做法和食材都是浓郁的客家感觉。毕竟生活在四川，所以他们的饮食习惯还是受川菜影响更多，洛带客家的"九斗碗"的菜式基本已经和四川当地传统的"九大碗"筵席内容差不多了。而小吃也很受四川影响。洛带客家喜欢吃的"天鹅蛋"，实际是油炸的糖油果子，来源于四川古时类似的食物"煎堆"，到现在贵州一带的类似小食仍在使用这个名称。

洛带最知名的小吃就是伤心凉粉。在四川，凉粉有黄凉粉、白凉粉等很多种类，黄凉粉是用豌豆做的，色泽金黄；白凉粉是用绿豆粉做的，洁白晶莹。其他还有米凉粉、荞麦凉粉（黑凉粉）、红薯凉粉，等等。伤心凉粉可以用黄凉粉或白凉粉做。把凉粉切成长条放入碗中，然后加上小米辣、榨菜末、葱花、辣椒油、豆豉酱、复制酱油、花椒粉、炒花生碎等拌匀即可。

需要说明的是，小米辣一定要多。伤心凉粉，据传是历史上湖广填四川后，客家人回想故土，边吃边流泪而得名，那是真的很伤心啊。而现在，是因为吃下去的时候，会立刻喉咙冒火，然后迅速蹿到头顶，额头冒汗，之后再原路返回，经过眼睛时让你眼泪汪汪，故名"伤心凉粉"，这是"假伤心"，不过，对我等能吃辣之人，是"真过瘾"。

缸里的豆瓣酱

我是山西太原人，在北京工作将近 15 年，对北京的熟悉程度甚至超过了我生活 20 年的太原。然而户口很难进北京，拖到小孩上学，实在不能再拖了，太原回不去了，北京又进不来，索性按照自己的心意重新选择一个城市。还是喜欢成都，于是就一步一步折腾——看小学、买房子、装修、报名、拿通知书……最先看上的是宽窄巷子附近的楼盘，挨着泡桐树小学和树德中学，都是热门重点，我虽然通过人才引进政策落户成都，然而尚不敢和老成都人拼抢资源，调头向郊区了。看上了成都地铁二号线的最后一站"犀浦"，距离市中心公共交通大约 40 多分钟。当地人一听，那不好，太远了，对于我这个住惯北京的人来说，北京出个门动辄都是 1 小时的，于是就定在了犀浦。

犀浦是属于郫县的，郫县是中国最著名的豆瓣之乡。巧合的是，因为城市化进程，郫县很知名的豆瓣品牌"鹃城豆瓣"也经历了一场整体的搬迁。我专门找了那部搬迁的纪录片来看，看到那一排排的酱缸因为正在发酵的关键期而不能搬走，看到那留守的几个老师傅还在争分夺秒地每天搅拌酱缸以赶得上最后的期限将酱熟成，不由心有戚戚然——人和豆瓣都是一样的啊，脱离故地，奔向迫不得已的前程。

中国古人的开门 7 件事：柴米油盐酱醋茶，"酱"是生活不可或缺的。各种酱，基本是以豆类发酵而成，郫县豆瓣酱也不例外。它特殊的口感，来源于三个客观要素：地利、特产、工艺。

郫县地处成都平原中部，因得都江堰灌溉之利，水汽丰沛，空气湿度有利于菌种发酵繁衍。同时盛产胡豆（蚕豆），而且品质特别优良，以它作为主要原料加工制成的豆瓣酱，油润红亮，蚕豆特殊的发酵香气极为浓郁，味道层次特别丰富。而在工艺上，郫县豆瓣酱用料讲究配比，制作方法大体是：将胡豆去壳，煮熟降温，拌进面粉，搅匀摊放发酵，其间温度要维持在 40℃左右。经过六七天长出黄灰色霉，称之为初发酵。再将长霉的豆瓣放进陶缸内，同时放进食盐、清水，混合均匀后进行翻晒。严格按照"晴天晒，雨天盖，白天翻，夜晚露"的制作要求，因为表面容易干燥，必须时常整缸翻搅。经过 40~50 天，豆瓣变为红褐，加进碾碎的辣椒末混合均匀，再经过 3~5 个月的贮存发酵，豆瓣酱就完全成熟，而这期间每天都要搅拌 20 次左右。豆瓣酱也讲究陈酿，3 年以上的豆瓣酱简直是菜品味道增鲜的宝物，而郫县豆瓣酱也被称为"川菜之魂"。

其实，在这些条件之中，蕴藏了一个非常重要的主观因素——人。郫县豆瓣酱乃至中国的很多传统食物，都不是靠食材的名贵得占先机，而是靠那些耐得住寂寞，一丝不苟的师傅们一天一天的缓慢累积，创造出这些凝结心力、终成神品的奇迹。

建水的烧豆腐

云南古城建水，是我心中并立的云南"三朵金花"之一。另外两朵，一朵是大理，白族风情和苍山洱海交织，明丽无双；一朵是腾冲，边境小城，然而文风鼎盛，北海和温泉地貌奇特，风景怡人。而建水，是"滇南邹鲁"，保存了大量的儒家文化。建水县在元代就始建庙学。明洪武年间建临安府学，万历年间又建建水洲儒学。清代先后建立了崇正、焕文、崇文、曲江 4 个书院。境内人才辈出，明代有文进士 30 人，武进士 23 人，文举人 288 人，武举人 29 人。清代有文进士 33 人，武进士 15 人，文举人 412 人，武举人 355 人。当时，有"临半榜"之称，即云南科举考试中榜者中，临安府就占了半数左右，堪称云南之冠，在全国亦不多见。现今建水，城楼上的牌匾是"雄镇东南""文献名邦"，自豪中透着霸气。而建水的文庙是中国三大文庙之一，建水的旧名"临安"历史上只有繁华如锦缎的杭州有过同样的称谓。

我最早知道建水，是因为建水的紫陶。建水紫陶是很不错的陶器，以前云南汽锅鸡的汽锅都是使用建水的陶器，做出来的鸡肉鸡汤鲜美无比。建水紫陶的茶具也很适合泡茶，如果是做了填刻的装饰，就更加漂亮。可惜这一两年，建水紫陶炒作的厉害，一把小壶稍微做了一些装饰，动辄一两千，我便也就不用了。其实日常泡茶的紫砂壶，也就三五百块，还是用紫砂壶吧。

不过有一样东西，我还是放不下的，贵也贵不到哪去，就是建水烧豆腐。建水一到夜间，路边基本都是摊子，卖各种吃食，烧烤摊子尤其多，烤韭菜、烤鸡脚等，人声鼎沸，尤其是烧豆腐的摊子，总是围满了人。

建水本身不产大豆，可是盛产豆腐。做豆腐，最重要的是水。建水的古井甚多，但人们执着地认为西门外大板井的水最好，泡茶、做豆腐都必须用这口井的水。

早上豆腐坊做好豆腐后，第一锅其实是豆花，豆腐是要榨水的。和北方放在几尺见方的豆腐木箱中压榨水分不同，建水豆腐要用干净的小棉布包成一小块，大约一厘米见方，放到边上，榨干水分，就可以取出来，整齐地放在竹匾或木板上。这个可以直接食用或烧烤了。但是也有人喜欢吃毛豆腐，就是让豆腐霉变，长出菌丝，然后可以直接烧烤，也可以风干再烧烤。

烧豆腐是用类似抽屉一样的铁皮炉具，下面烧炭，上面架铁丝网。也有特简单的，搪瓷洗脸盆上面架一铁丝网也能用。烧烤豆腐之前，要先在铁丝网上抹上菜油，这样豆腐不会黏在铁丝网上。豆腐烧烤时要随时翻动，以防烤焦。熟练的师傅们都是直接用手掌轻按在豆腐块上搓动让它们翻面。在豆腐被炭火烤得嗞嗞地冒发热气时，豆腐的颜色逐渐由玉白变为嫩黄，体积也膨胀起来，基本会类似一个微圆的豆腐球，结实、饱满。更诱人的是，嗞嗞冒出的热气在空气中迅速转换成一股豆腐特有的香气，吸引人们不断上前。

豆腐烤好后，就要拼调料的水平了。不同摊子都有自己的蘸料配方。但是一般分两大类：干粉和湿汁。干料的基本原料是干焙辣椒和盐，当然加芝麻、花生碎，都是为了提香，各家各显手段；湿汁基本原料是腐乳汁，也有加酱油、葱花、香油、蒜茸、小米辣的，不一而足。

当地人吃烧豆腐，一定用手掰开再蘸料。香脆的外壳里面是松软的嫩豆腐，最适合吸收蘸料，吃到嘴里，香气中蕴含饱满的汁水，你首先想到的是，呀，赶紧再烤30块，因为肯定不够吃啊。

烧豆腐，以前只在云南石屏、开远、建水、个旧、弥勒、宜良、昆明等交通沿线流传。明朝初年即有生产，清末曾被选为贡品。还是本地人形容烧豆腐最到位——胀鼓鼓黄灿灿，四棱八角讨人想，三顿不吃心就慌。我现在已经是边写，心里边想得慌了。

且将蚕豆伴青梅

我出生、长大在太原，小的时候应该是不记得太原有蚕豆种植的。不过很小的时候倒是吃过蚕豆——爸爸从上海出差带回来的"兰花豆"。初听兰花豆，特别感兴趣，以为是兰花制成的豆子。结果打开一看，有点奶油味，还有点细盐粒子，就是炸过的大豆瓣。狐疑地吃了一颗，好像当年还在换牙，也不怎么嚼得动，便也不怎么爱吃。不过倒是认识了个新东西，老爸说，这是"蚕豆"。

我自小对文字比较敏感，其实有点和这个东西较劲——我怎么就看不出来这个豆子哪点像兰花或者像蚕？后来翻书，据说比较标准的答案是：兰花豆，即油炸干蚕豆。干蚕豆用水泡发，剥去豆皮黑线部位，或把蚕豆用小刀割一个口，之后油炸。由于外皮受热向外张开像兰花，所以叫"兰花豆"。蚕豆，元代农学家王祯在《农书》中说："蚕时始熟，故名。"而明代医学家李时珍在《食物本草》中认为："豆荚状如老蚕，故名。"所以，蚕豆我理解了，兰花豆我其实还是纠结了很久的：这个胖乎乎肉妞妞的大豆子，怎么像兰花了？但最后我是说服了自己：古人的想象力和文化水平就是比我高啊。

　　后来上学读书，鲁迅先生在《孔乙己 》中描述了孔乙己吃茴香豆会写"茴"字的4种写法，同学们的关注焦点都在哪4种写法上，我则一直寻思这个"茴香豆"到底是什么豆？后来去绍兴，专门点了一盘茴香豆，原来是带皮煮过的酱油味蚕豆，这才放下了多年心中的一段念想。

　　长大了，在云南、四川流连多年，后来虽然厝居京师，然而是在一家川菜集团工作，接触蚕豆的概率就大了，逐渐也爱吃了。要知道，在中国，四川是最大的蚕豆产区，其次就是云南。四川最家常的蚕豆做法恰恰是最好吃的，因为顺时顺季。在蚕豆刚成熟时，剥出新鲜的蚕豆，用水煮面而不失形，之后把也是刚刚成熟的青红尖椒切碎，加油盐翻炒，表面裹上一层粉质后，将屋前屋后长的新鲜藿香叶子切碎撒入就可以出锅了。不仅蚕豆的香气非常浓郁而且还有藿香特有的香味，口感也粉糯无比，令人回味。

　　但是这种得天地造化的菜品不易得，后来发现了水煮宫廷蚕豆，终于可以一年四季吃到了。宫廷蚕豆其实是浙江溪口产的拇指蚕豆，个头大如拇指，清朝时曾经作为土贡。蚕豆要先用香叶、八角、花椒等煮制入味，之后加盐煮熟。另起锅，用上好色拉油炼制葱油，之后萃取香叶、肉蔻、大料、辣椒、花椒等香料味道，然后烧滚，蚕豆装碗，倒入滚油，香气顿时升起，碗盏过处，处处留香。别太着急，等凉一会再吃，粉糯鲜香，各种香味层层显现，最终汇成一股，令人难忘。

　　其实说来说去，人生很多事，彼此都暗自勾连。我是山西人，竟然不知北岳恒山也是优质蚕豆产地，所产蚕豆炸后为当地特产，叫"莲花豆"也。而我兜兜转转，选择下半生的居住之地成都郫县，盛产郫县豆瓣，主料即蚕豆也。

食在丰腴

腊排骨火锅，功比古乐

我是 1999 年第一次去的丽江，毫无疑问，追逐着青石板上的雨水，纳西族老人迎着朝阳的身影，别处难得一见的静谧安然，我爱上了它。中间又陆续地去过几次，开始觉得不对，直到丽江喊出"艳遇之城"的口号，我知道这座城市已经变了味道。

2018 年我因为出差再一次去了丽江，最后悔的事情就是我又去了古城。以后，我应该不会再去了，即使出差，也远离古城。你眼睁睁地看着一座古城几千年的灵气在 20 年的光阴里被迅速的耗尽，那种无能为力的悲伤无法用言语表达。

如今的丽江，能让我想起并留恋的除了几个朋友，就是纳西古乐和腊排骨火锅了。纳西古乐不仅声震肺腑，而且敦睦人伦。听完纳西古乐，我才真正知道什么叫作如醉如痴：《紫微八卦》富丽堂皇的旋律把我带入了奇妙的艺术殿堂；《浪淘沙》让我得闻宋词的高妙之音；印象最深的是《开经偈》，那音律甚至可以调动我的气脉，然后展现出极乐世界的画卷——美音鸟在空中飞舞和鸣，飞天在天空不断抛洒光华闪闪的璎珞珠花，须弥山上的优昙花放射着七彩的宝光，天地间弥散着八功德池里金莲花的香气。

能把我拉回现实的，就是一锅热气腾腾的腊排骨。孔夫子对我来说已如高山仰止，所以孔先师闻韶乐而三月不知肉味，我却做不到，在我心里，如果纳西古乐和腊排骨火锅 PK，绝对是腊排骨水淹七军啊。

腊排骨火锅其实在丽江流传已久，不知为何知名度倒不是很高，可能一般来丽江的游客都是一对儿一对儿的，抑或单身渴望艳遇者，很少能凑齐一大堆人来品尝腊排骨火锅。我倒是每次去丽江都必点腊排骨火锅。

腊排骨火锅的锅子一定要用紫铜的。我不是特别喜欢现在流行的鸳鸯火锅等等川式的火锅，一个是因为调料味浓，食材本身的滋味尝不出来，另外就是因为那锅子实在无啥看头。想起小时候吃东来顺，最爱的就是那紫铜火锅，往桌上一放，那么厚重，于是店家和顾客便都得意起来，连带说话都透着红火和豪气。那火锅大度，腹中好大一锅好汤，表面却不动声色，就连两边的狮头把手都那么威严，好像衔的不是锅把儿，而是午门的两个大门环似的。等一会儿开了锅，一掀盖，那腾起的水汽就让所有人心里那么满足。

可惜这几年，紫铜火锅实在少了，我弱冠之后，也就在北京壹条龙吃过那么一次紫铜火锅涮羊肉。没想到，边疆之地的丽江竟然保留了这个传统，所以从我第一次去丽江起，那丽江的紫铜腊排骨火锅就一直让我那么惦记。

腊排骨火锅的主角当然是腊排骨。我更喜欢一年以上的老腊排，味道足，吃完排骨后连带还能留锅好汤。有一次陪一位上海"精英"一起在云南的几个地方转转，此人言必称日本，看在还算同胞的份儿上，暂不跟他计较。在丽江我们便一起吃腊排骨，人家吃了一口，仿佛被人打了耳光，嘴里又塞入烂抹布一般的表情，然后又很怀念起日本的烤鳗鱼来。我便笑嘻嘻地和他谈起了上海外滩顶级餐馆的法国黑松露，那松露几小片便要千多元，料定这厮吃不起，就是吃必也心疼得没有品出来味道，果然，人家面上便带了讪讪，临了，我和气地告诉他，就连日本天皇也喜欢的这个号称"黑色黄金"的法国菌子，其实是一股经年未洗的床单的味道。人家的脸色便像新腊排变成老腊排一般，逐渐地由苍白红了开来。

腊排骨火锅不是像涮羊肉那般慢慢涮了来，而是除了腊排骨外，还要配粉丝、慈姑、土豆块、芋头丁、白菜段等一起煮，煮好了一起吃。这粉丝定要用土豆粉，虽然土豆粉不耐煮，可是晶莹透亮，本身也没有像苕粉、绿豆粉那般有突出的味道，最能衬托腊排骨的香气。配菜里最好不要萝卜，红的、白的、黄的一概不要，否则萝卜的味道太重和腊排骨不够融合。但是有一样东西不可缺少，就是韭菜根。韭菜根真的就是韭菜的根部，是一种白色的须状物，味道辛辣，独特，在腊排骨火锅里面起到降油腻提味的作用，也增加了香气的层次。

除了平常的菜蔬，有的餐馆也用新鲜的菌子和腊排骨组合成鲜菌腊排骨火锅。通常选好的黄鸡枞、竹笙和松茸，熬出的汤浓白香滑，先喝一碗汤，然后再大快朵颐地吃腊排骨，最后拿个丽江粑粑给胃里加个盖儿，之后就可以什么也不干，努力托着发胖的肉腮，连续一个小时地看着太阳回家的路线，那份满足，就连窗外最平常的冬樱花也仿佛格外娇艳温柔起来。

情意似火腿

年轻男女彼此吸引，你侬我侬，往往情话连绵，情意似火。我倒宁肯情意似火腿。不是我俗，爱情如果总是热情似火，只有两个结果：一是烧死彼此，耗尽心力；一是热度慢慢退去，徒留怅然。要真能做到似火腿，恰是中了上上签。因为不论古今中外的火腿，都是需要长时间才能成熟，慢慢散发诱人的魅力。

中国三大火腿——金华火腿、宣威火腿、如皋火腿，如皋已经势微。另外两大火腿我倒都是喜欢得紧。金华火腿最好的是上蒋村所产，而最重要的是使用了"两头乌"。两头乌这种猪体形不大，也不甚肥胖，一头一尾两头都为黑色，名字倒很形象。腌制成的火腿，皮薄骨细，腿心丰满，瘦肉细嫩，红似玫瑰，肥肉透明，亮若晶玉，配蔬菜则味道清醇，配豆制品则味道厚郁，实在是提味之至宝，美食之精粹。

宣威火腿是云腿的代表，由当地土猪制成，风味独特。云腿讲究"四秘"之法："割秘"，是割腿时讲究刀功，必须使用后腿，割成"琵琶"形，并将油膜剔除干净；"腌秘"，是讲究乘鲜腌，即所谓"血腿"，血不放尽，也不必干燥；"藏秘"，是讲究保藏，陈腿三年不坏，滋味更佳；"食秘"，是讲究各种吃法，尤其具有云南特色，比如火腿夹乳饼、火腿煮洱海鱼等，更有意味的是云腿月饼，咸甜相配，香气隽永。腌好的云腿色泽不同，颜色红艳如西班牙火腿的，是使用磨黑盐腌的；颜色粉红如意大利火腿的，是使用四川井盐腌的。

国外能让我接受的火腿，也不过就是西班牙火腿和意大利火腿。外国火腿和中国火腿最大的区别有二：一是腌制火腿的猪皆肥大；二是食用时皆生吃。西班牙的高级火腿是伊比利亚火腿，要用黑脚猪。黑脚猪都是散养，再加上这种猪还爱吃橡子，因此肉质不似一般俗物。腌制时要使用海盐，腌制时间也比中国的长，一般一年半的时间方才成熟。意大利火腿常见的是帕尔玛火腿，倒是比西班牙伊比利亚火腿便宜，使用体重超过150公斤的猪进行腌制。腌制时除了使用盐，意大利人还喜欢在腿肉外露的部分涂上以猪油、米磨成的粉以及胡椒混成的脂肪泥，防止火腿干硬。之后则是熟成的过程，由自然的温度和湿度变化来熟成，通常时间会超过一年，而越是重的火腿就越经得起久存，风味也就更好。上好的帕尔玛火腿至少在9斤以上，有一层非常厚的皮下脂肪，切成薄片后，香味细致，口感柔嫩，并不十分咸，回味丰富。

生吃的外国火腿也不错，可以直接片成薄片来吃，也可以裹着蜜瓜一起吃，两种不同的细腻口感交融，却也很美味。有个藏族弟弟扎西有一次从丹巴给我弄了一条藏香猪的火腿来，表皮已经有哈喇味了，但是切开后从内里剔了肉切片，生吃也很香，用来炖土豆，立刻化平凡为神奇。

所以，人不是仅仅靠爱情活着。如果逢年过节，你扛一整条火腿给我，我一定感激得涕泪交流，这霸气，非要吃个几年才能散去。

成为叉烧，是瘦肉的光彩

我好像一直不怎么能吃"硬菜"，那些大鱼大肉的东西，我不抵触也不欣赏，一切随缘。生平认为最好吃的是腾冲忠孝寺的素斋——那种现摘的蔬菜带着大地无可描摹的美妙气息而和万物灵长无比的契合。

即便是吃肉，鉴于自己身上肥的部分已经比较多，我也更多地倾向于瘦猪肉或者非猪肉类的肉食。但说实话，瘦猪肉从质感上来说确实比不上肥猪肉。瘦猪肉是了无生趣、枯木依寒岩，而肥猪肉却是温泉水滑、凝脂自香艳。香气上也是如此，瘦猪肉暗自生尘，肥猪肉却香气四溢。

纯瘦的猪肉要想好吃，我觉得只有叉烧一途。"叉烧"一词，开始不过是可有可无带点无奈的借代——把肉用叉子插着烧就叫叉烧。后来却能够成为一种制作技法或者味型的混合定义，那却是"天生丽质难自弃"了。叉烧最常见的还是猪肉，要用里脊肉，基本上是全瘦肉。瘦肉如何才能不柴？必须增加表面的润泽以及适当地保留内部的水分，但是瘦肉无法像肥肉那样通过分解油脂产生香气四溢的汁水，所以必须使用外来的辅助品，因此，叉烧酱就出现了。

好的叉烧酱要用到十几种原料，一般都有大蒜、五香粉、腐乳、芝麻酱、蚝油、麦芽糖、料酒等，当然也会有色素。色素可以保持叉烧美好的色泽，毕竟美好的食物令人难忘的是味道，而能抓人眼球的是色彩。传统的天然色素就是红曲，生子后可以用来染成红鸡蛋分享给友人四邻的那种东西，对人体是安全的。

里脊肉分成长条，涂抹叉烧酱，最好腌制两遍，每遍几个小时，也可以在叉烧酱里再添加些蜂蜜，味道会更好。腌制入味的肉条就可以叉烤了，不用叉子也行，叉烤就是为了四面烤制均匀。烤好的叉烧，色泽红亮，切片后片片劲挺，边缘红润诱人，而内里又能看到瘦肉清晰的肌理，味道是甘咸交融，唇齿留香，耐人寻"味"。我也试过加一点陈皮丁一起烤的，味道更是复合悠长，诱人追寻。

除了常见的广式叉烧，广东还有一种脆皮叉烧。在广州塔的小蛮腰之下，有一家新开的炳胜，我是在那里尝到了脆皮叉烧。炳胜的脆皮叉烧不是片状，而是切成长方块，主要是上表皮是一层薄脆的猪皮，色泽金红，脆香如烤乳猪皮。中国的美食体现的是既综合又对比，从质感上是做到了。但是相对来说，脆皮叉烧的油腻程度比一般叉烧大，我还是更喜欢传统的广式叉烧。

叉烧系列的除了猪肉，还可以叉烧排骨，除了主材料选用的是猪肋条，其他的都和叉烧肉制法一样。其实这不过是一种简单的延伸，我觉得真正的延伸产品是叉烧包。

叉烧包因为使用了叉烧肉，终于"力排众包"，成为包子类产品中的一朵奇葩。叉烧包可以说是广东早茶必选项之一，和虾饺、干蒸烧卖、蛋挞并称广东早茶的"四大天王"。叉烧包外皮雪白，绵软微甜，顶部裂口，露出黏稠的酱汁和小块的叉烧肉，香气浓郁，勾人食欲。不过叉烧包本身比较甜，可能更适合南方人的口感，或者是在饮掉一盅浓酽的工夫茶之后食用。

大理生皮

生皮，准确的应该叫作"白族生皮""大理生皮"。直白地说，就是大理地区白族人民吃的生猪皮，白族话的发音类似于"害盖儿"。一听这个名字，外地人往往觉得生猛，脑海里有血淋淋的画面。确实，我在西藏吃的生牛肉酱，就是和着鲜血的生牦牛肉末，而都市里人们较为熟悉的生鱼片，也是带着血线的冰冷的生鱼肉。

大理的生皮，是火烧猪不再后续加工的猪皮，所以叫"生皮"，其实已经不太生了，我觉得怎么都有七八分熟。这个吃法来源于他们的屠宰去毛方式。北方有句老话，用来形容有的人没脸没皮不害臊，叫做"死猪不怕开水烫"。折射出北方人杀猪褪毛是用开水浇烫猪皮再去拔掉的。大理杀猪去毛，是用火烧的。屠宰好放了血的猪，身下和身上都铺一层混合松毛的稻草，然后点燃稻草，直至稻草燃尽，整头猪就变成一块猪型的黑炭。为什么用稻草？稻草火力没那么猛，不会把猪肉烧成糊的，而且混合松毛，猪肉会浸染淡淡的草木松香。把表面焦结的部分用刀刮掉，再用干净水清洗，猪皮就从黑色变成淡金黄色，瞬间光彩熠熠。这个时候的猪皮乃至于皮下一两寸，其实都是半熟的。不像烤肉那么滋腻，又没有生肉那般血腥气，质感和香气都是极好的。

不能等，赶紧制作生皮。其实就是赶紧分割，要选"不见天"的部分。猪身上哪里不见天呢？肚子下面、后腿里侧。洱源、大理、下关等地方偏爱肚腩皮部分，认为这部分的肉最嫩，切出的肉有些泛白；凤羽人不同，专门选臀部的"坐腿"肉，这部分的肉最香，而且在烧的时候也属于重点烤制的部位，切出的肉肥瘦相间，肥的油白，瘦的粉红，很好看。重点还是皮子，鲜嫩滑爽，色泽诱人。

吃生皮有两种方式，常见的是直接摆盘配蘸水。有切成小方块的，有切成细长条的，有切成细丝状的，也有配了一部分生猪肉片和白萝卜丝的，这种吃法，不仅考验生皮的质感，更考验调制蘸水的水平。讲究的蘸水要选用地道的梅子老醋，配上野花椒、自己做的糊辣子、大麻籽，还有新鲜大蒜末、生姜、芫荽、白糖、盐巴、酱油、山胡椒等调制而成，总之，要求酸、辣、咸、香、鲜五味调和。用生皮蘸上蘸水一吃，生皮柔嫩细滑，味道浓郁鲜美，头一次吃的人会从战战兢兢到不忍停箸，大快朵颐。还有一种吃法，饭店里一般不做，居家是常做的。这就是直接拌好了，把生皮生猪肉丝和大理特有的酸腌菜、莴笋丝、白萝卜丝、葱、姜、蒜、芫荽、梅子醋、酱油、油糊辣椒、草果粉等拌匀，略放一会入味就可以吃了。我口味重，觉得这种吃法更好吃一些。

我们在大理的时候，也是有固定的买生皮的铺子，都是几十年的老邻居，知根知底的。他们的猪绝不会是病死猪，而且都是自己养的，也不是吃泔水长大，是自己配的五谷杂粮圈养的，干净卫生。

蹄之花

蹄花，蹄子能长出花来，这只能说明这不仅仅是一只年轻貌美的蹄子，而且一定是吃过之后心里美成花了。各地的炖蹄花、蹄花汤之类的有不少，有素面朝天的，也有浓油赤酱的，不过，我始终觉得成都的好，因为成都这个城市本身的魔力。

成都是个绝对休闲的城市，这可不是装的，而是发自骨子里的那么一种生活态度，以至于每个到了成都的人连脚步都不由自主地慢了下来。在所有的大城市里，成都是最为包容的，这种包容体现在社会各个阶层都有自己的休闲做法，挣多挣少都可以玩得开心快乐。而我，历来都把成都当成补充能量的栖息地，其实一碗简单的廖老妈蹄花就足以让我小宇宙爆发。

中国的文字很神奇，一只猪蹄子，原始些的就叫做蹄子，云山雾罩些的可以叫作猪手、猪脚，反正对于一头猪来说，手脚区别的意义不大，前后还是有不同的。在武侠小说里，从佛经里演化的武功，很多都叫作"××金刚手"，取金刚至阳、无所不摧之意。中国传统文化里，很在乎"一元论"，即阴中有阳、阳中有阴，并不是非阴即阳，因此，刚柔也是一样的，至柔者至刚，所以道家说"上善若水"，洪水可以摧枯拉朽，泉水可以润物无声。

廖老妈做的猪蹄子，绝对属于精神上上升到较高层次而物质表现上贴近普通大众的那一种。你要一碗蹄花，如果没什么废话，就是家常蹄花。家常蹄花盛在一貌不惊人的密胺碗（这盛器差点意思）里，整只猪蹄披挂上阵，汤浓稠洁白，表面微泛油光。深沉者都有内涵，用筷子一戳，骨肉分离，连皮都颤颤巍巍，及至入口，虽不蘸料，毫无肉食腥气，也不油腻，连吃几口，小骨头都不吐渣，稍一停顿，嘴唇粘连，而口腔里香气连绵不绝。这只猪蹄子绝对灌注了化骨绵掌的功力，而又如金刚手般迅速摧垮人的意志，让胃部熨熨帖帖。之后，再把汤汁灌下，连着煮成糊状的白芸豆，先是瀑布冲泄之势，后有绵绵集水之功，让你的胃里沟沟坎坎都那么舒服。汤索（我们成都的最佳玩伴）更喜欢加了鱼腥草一起炖的蹄花，我尝了尝，其实味道也很不错。

正恍然间，汤索点的口口脆上桌了。是我喜欢的浓郁的麻辣味道，伴随着川菜特有的油脂散发的香气——其实我一直觉得香水公司应该像川菜学习，萃取香料的本事川菜是有独特之处的。口口脆是什么呢？炸兔肚。成都满大街的兔头我是不碰的，那一个个兔头凹下去的两个大黑眼窝仿佛控诉着什么，让我看着就没什么欲望。但是兔肚可是我的喜爱。肉里面能做成脆嫩的不多，一推鸭肠，二推兔肚。廖老妈的兔肚，大大咧咧一钵，确实片片脆嫩，对得起"口口脆"的名字。

大隐隐于市，很多美食高手都是要去寻找的，而也必定会有一些过人之处满足你那说大不大，说小不小的蓬勃馋意。

肥肠粉与军屯锅盔

鲁迅先生说过，汗有香臭之分——既有林黛玉妹妹的香汗，也有焦大叔叔的臭汗。如此一类推，这肠子大概也有区别——有的人侠骨柔肠，好比杨过；有的人脑满肠肥，这就不举例子了；有的人满肚子花花肠子，比如西门庆大官人；有的人喜欢吃肥肠，比如当年的李韬我。

肥肠大概也是下里巴人的东西，根据笑林先生说过的相声——"这肥肠好啊，也叫大肠，就是紧靠肛门的一段肠子……"脱离所谓的精细肉部位太远，不为精英阶层所喜，加之这肥肠的异味也不小，又要多用辣椒类烹制，吃时满头出汗，大概流出来的也是臭汗，所以只为吾辈俗人所好。肥肠类的东西，知名的有北京的卤煮火烧，湖南的肥肠火锅，山东的九转大肠，当然也有四川的肥肠粉。

肥肠是下水的一部分，外国人多是不吃的，就是听见也要摇头，仿佛贵族看见腌臜泼才。不爱吃的也要满面悲愤，因为肥肠从味道上来说类似于臭豆腐，爱吃的人才觉得香，不爱吃的掩鼻疾走避之唯恐不及。

因为肥肠有异味，所以整治肥肠是个大事。会做肥肠的都是各自有各自的绝活，我所知道的有一种效果比较好，也不难操作。就是把肥肠用面粉加盐细细地搓了，再用清水冲干净，然后锅内加了葱姜飞水，最好再放一些啤酒，这样整治过的肥肠，不仅异味全无，做好后还浓香扑鼻。吃肥肠粉，不仅在乎这口肥肠，还有粉。肥肠粉的粉一定要用红薯粉，这样煮出来才能吸满香味，又有韧性，还有半透明的晶莹。四川人热衷吃粉，讲究的都是现做，称为"手打粉"。就是和好红薯淀粉团儿，稠稀合适，放在漏勺上不能主动流淌下去，必须用手不断拍打，发出"啪啪"声，才能从网眼中挤出粉条，进入沸水中煮熟。

吃肥肠粉有个绝配——牛肉锅盔。四川的牛肉锅盔，以军屯锅盔我以为最好（当然，军屯锅盔也有猪肉的、椒盐的……）。这个词普通话发音"juntun"，实际上我听当地人发音是"jundun"。军屯锅盔历史悠久，远近闻名。相传是三国时诸葛亮命大将姜维率部在今四川彭州市军乐镇休养屯垦、牧马练兵，"军屯"由此而得名，今天的锅盔就是由当年军中干粮逐渐演变而成。军屯锅盔也叫"酥锅盔"，又名"酥油千层饼"，推论来看，军粮一定要耐储存、冷热均可食用，故而一定重油，重油才香，而且可以快速补充体力。军屯锅盔的制作，和面要用温水，少揉多饧，让面团不要过硬，但是要充满柔韧，具有张力。里面还要加入一定比例的发面，混合揉匀。加馅和起酥的过程看起来不像是北方常用的包酥法，更像是回族同胞爱用的"油旋子"法。用剁碎拌上八角、茴香、山柰、花椒、生姜、精盐、胡椒等香料略煸炒过的牛肉末，涂抹在拉长的面皮上，滚成长条合口，再卷成旋子压扁成形，上煎锅煎烤，最后放进炉膛烘脆。

做好的军屯锅盔，金黄油亮，外皮酥脆，牛肉馅味道浓郁，带着香麻、咸鲜，一层一层酥脆，夹杂着里面香味浓郁的肉馅儿，还有轻微的椒麻感刺激，吃一口肥肠粉，正油辣得过瘾，再吃一口牛肉锅盔，上一股香味还没有散掉，下一股香味已经蓬勃而至，真让人满足。

麻补与吹肝

"麻补"是纳西语，指的是当地人非常喜欢的一种民族传统小吃，实际就是糯米血肠。

在丽江，你经常可以看到泛着暗光的石板路旁，潺潺流水的河道附近，有着售卖麻补的小摊。支一口平底锅，里面放上少许的油，一片一片紫红色的像香肠但是又在暗红里带着密密麻麻小点白的食物，慢慢煎熟了，变成黑红色，透出诱人的香气。

麻补的做法其实不是很复杂，把蒸到半熟的大米或糯米趁热拌上鲜猪血或者蛋清以及姜末、五香粉、食盐、草果粉等各种香料，紧紧灌入洗干净的猪大肠内，封好口蒸熟即成。因制作的方法不同，用鲜血的叫黑麻补，用蛋清的叫白麻补。食用时切成圆片，或用油煎炸，或用甑蒸热。以前纳西人每年冬季杀年猪，几乎家家户户都要做一些麻补招待亲友。如果家人在外学习或工作，还要想方设法请人将自家制的麻补捎去。

我们常说，一方水土养一方人。在云南，因为高原环境对人体的影响，需要大量的能量来滋养人体，才能减小高原对于气血的消耗。普遍来说，纳西人饮食结构中荤食和油脂较多。但是这样的饮食结构，又容易带来很多其他对身体的负面影响，而糯米因为耐消化，在提供能量方面非常出色，而猪血号称"养血之王"，所以，麻补尤其是黑麻补是非常适合丽江的科学食品。在丽江除了黑麻补，人们还十分喜欢吃猪血炖豆腐，也是出于同样的原因吧。

除了麻补，大理、丽江人也爱吃吹肝。吹肝这种食物外地也少见，制作方法有点意思。我第一次吃吹肝是在大理，不过据说这是一道藏族菜，后来才传到丽江和大理。吹肝，顾名思义，往猪肝里吹气。吹气的目的是使猪肝扩张，一般使用竹管或麦秆管从胆管中吹入空气，边吹边拍打，使肝脏变大，内部空间增加。吹肝的人需要掌握力道跟技巧，用力过猛，猪肝会炸开漏气，漏气了就必须把破开的地方捆扎住。吹好后，再将适量的食盐、草果粉、辣椒面和蒜泥用温开水调成乳状，如果是大理人做吹肝，一定会加不少白酒，一般用鹤庆干酒。用汤匙从喉头灌入肺内，边灌、边抖、边吹气、边拍打，约需重复五六次方能灌满，其余的佐料涂抹在肝上。肝叶之间用竹片或玉米芯撑开，挂阴凉通风处晾干。高原的紫外线强，风力大，空气干燥，经过一到一个半月左右，即能风干。做好的吹肝挂在通风处，可以保存一年都不会坏掉。

吃吹肝的时候，要洗净表面灰尘，上锅煮熟后切成薄片，上面都是密密麻麻的孔洞，加上芫荽、熟菜油、辣椒油、酱油、醋、葱花和姜末等佐料，凉拌着吃。

也可以另外调制一碗蘸水，蘸着吃。吹肝口感是比较硬的，但是越嚼越香，回味也很持久。

所以你看，饮食来源于生活，而一方水土养一方人，麻补也好，吹肝也好，都是伴随着高原生活应运而生。它们既有特定的工艺来制作，又需要用时间和风土来沉淀。它们承载着云南人的岁月记忆，裹挟着乡恋、乡思和乡愁，这才是食物背后隐藏着的味道。

肉夹馍和凉皮

说起陕西的吃食，那也是很多的。不过风靡北京，且日常经常吃的还属肉夹馍和凉皮。

肉夹馍，实际上是饼子夹肉。"馍"通常指馒头，但是在西北地区它也可以指饼子，尤其是不发面或半发面的饼子。

肉夹馍这种小吃我估计历史很悠久，因为相对来说制作简单，比较容易创造；其次，肉夹馍这个名称，是古汉语的倒装句式，是肉夹于馍中，而不是肉片夹着馍。在陕西，肉夹馍是名吃，而搭配上讲究用"腊汁肉""白吉馍"。

腊汁肉实际上就是酱烧猪肉，只是烧的时候以酱油着色，不加葱姜，而以山奈、良姜、砂仁、白蔻、细辛、白芷、肉桂、丁香、大茴香、小茴香、草果等做成药料包煮熟而成。肉要适当肥一些，因为肉汤里的油对最后肉夹馍的口感形成很重要。

白吉馍，实际上是个谐音，指"白剂馍"。就是面粉略发，什么都不加，揪成剂子压扁，在火炉里烤成饼子。但是好的白吉馍，讲究"铁圈、虎背、菊花芯"，指白吉馍白边毫无火色，内侧有一线若隐若现的火色线，火色线形成一个很周整的圆，圆圈内又有火色自然形成的斑块，很漂亮。也唯有天然去雕饰的白吉馍配味道浓郁的腊汁肉才最好。

吃肉夹馍，一般都现组合。把白吉馍中间切开到底不切断，腊汁肉剁碎，肥瘦各半，然后再淋上原锅肉汤，切点青辣椒碎，在案板上拌匀，用刀背添入馍中即成。

别小看这简单的食品，吃一口，油润鲜美，也许别人拿大餐来和你换，你还不乐意呢。不过加青椒是后面的改良做法，以前人们肚子里没有太多油水，传统肉夹馍是加纯肉，一点菜都不放的。

干吃肉夹馍似乎还是稍微寡淡些，可以配凉皮一起吃。凉皮起源于陕西，风靡于全国。凉皮是用白面或者小米面做的，白面做的是半透明的白，小米面做的是不透明的黄。白面做的最普遍，所以也叫面皮，很多人看见它像米粉，所以也叫凉皮为"米皮"，其实凉皮中一粒大米都没有。

做凉皮要先"洗面"。在面粉里加一点盐，然后加上凉水和面，面要和得硬一点，然后一定要饧半小时。饧好的面，放在盆里，倒入凉水，只要没过面团底部即可，然后在水里洗面。揉到面水很浑浊了，就把水倒出备用。连续换七八次水后，面团缩小，变成很有质感的一团，就是面里的精华"面筋"了。面筋上锅蒸熟，气泡孔明显、色泽发黄的时候就可以了。

洗面的水沉淀三四个小时，面水会出现分层。将上层的清水倒掉，留下粉浆搅匀，过筛，去掉气泡和小面疙瘩。准备不锈钢的长盘，表面刷一层植物油，将粉浆均匀倒入一层。将长盘放在蒸笼内大火蒸，看见粉浆变成半透明的一层即成面皮。长盘拿出冷却，揭下面皮切成长条，放在碗里。碗里加醋、香油、葱姜水、蒜水、辣椒油，然后再加上焯过的绿豆芽，切好的黄瓜丝，蒸好的面筋切成小丁，淋上和好的芝麻酱，就可以拌匀开吃啦。

我吃面皮，还是喜欢老家太原的路边摊，总觉得味道比陕西的还要好。

苏沪的鲜肉月饼

作为一个北方人，我不是特别爱吃咸咸甜甜的东西。北方人的性格整体上是比较质朴的，直来直去，虽然黄河也是几十道弯，可是信天游那是直插天际，明白干脆。北方的点心，咸的基本没有，如果是咸的，都算作烧饼类。咸甜的很少，基本只有牛舌饼是混合味道。北方人觉得点心应该是甜的，包括传统糕点——北方的粽子，不是豆沙就是大枣馅的，北方的月饼不是五仁就是混糖，但都是甜的。

我小的时候，最爱吃的月饼是提浆的。提浆月饼外皮比较硬，越嚼越香，有面的感觉，不像现在的月饼，饼皮越来越松软，没什么风骨。太原那时的提浆月饼是老寿星形状的，馅料好像是青红丝和糖。后来我接触南方的吃食，吃到了广州开记的肉粽，嗯，真的好吃，觉得糯米原来也可以是咸味的。再后来，吃到了苏州、上海的鲜肉月饼，嗯，原来月饼也可以是肉馅的。

苏州的鲜肉月饼我吃的是乾生元的，上海的鲜肉月饼吃的是西区老大房的，就我个人口味而言，我更喜欢老大房的。鲜肉月饼应该是猪油酥皮，里面是肉浆凝成的馅心。我觉得做肉浆可能是个大学问。问了一些人，说也就是五花肉糜、糖、黄酒、酱油、蛋、葱姜水、麻油拌在一起而已，又有人说最好用蜂蜜和淀粉拌在馅里，肉馅里加蜂蜜和淀粉，肉汁就不容易跑出来。我个人从味道里吃到了鲜美浓郁的黄酒味，心想是不是要用陈酿 20 年以上的古越龙山才是王道？

鲜肉月饼不怕放，买回来存在冰箱里，一两天后想吃了，放在平底锅里，也不用油，慢慢煎热，回了油，加了热，吃起来更香。

河海之鲜

此螺非彼螺

我有个好朋友沈世杰，是浙江慈溪人。在大学读书的时候，放假去看他，在他们家的老房子里，他妈妈做了一大桌子菜招待我。记不大清了，其中鲞头、海鳗我还有印象，印象深的是黄泥螺。

黄泥螺是宁波的特产，每年农历三月出产一次，称为"桃花泥螺"，农历九月近中秋时也出产一次，称为"桂花泥螺"。桃花泥螺的螺肉比较多，但是桂花泥螺却更让人回味。泥螺产于大海的滩涂，当泥螺即将收获时，当地人会约好三五好友，手拿自己用铁丝窝的小三角网，弯着腰，从滩涂的一头直走向另一头，然后将浅浅的泥用海水涮去，剩下的就是一粒粒的泥螺。

泥螺拿回家后，最怕用自来水冲洗，那样泥螺容易缩紧肉质，渣子较多，还是要用海水冲洗，然后将泥螺放进塑料盆里，再换几遍水，不停用手搅动成一个漩涡，泥螺就在这太空失重训练中吐尽泥沙，更重要的是洗掉黏液。直到水上没有小的白色泡沫，那就说明黏液已经洗干净了。这时不能急着下调料，要让泥螺休息一会，这样它们才会放松警惕，把小足从壳中伸出尽量露出螺肉，不会让你以后吃真正的"闭门羹"。然后通常会洒一些盐水，浓度要比海水大，放置一天时间泥螺就已经魂归天外，这时可以加一些糟油和黄酒将泥螺封在陶罐里，如果怕坏，最好加一些白砂糖，起到防腐作用，然后过八九天就可食用了。

腌好的泥螺，打开封口，一股鲜香扑鼻而来，罐口有一层薄薄的黄油一样的东西。螺壳半透明，仿佛黄玉一般，然后最考验人的时候就到了。虽然泥螺异香扑鼻，可是不会吃的人就如老虎吃刺猬——无处下口，也有的人一口下去，螺肉和泥沙一起吃到嘴里，苦不堪言。吃泥螺要先把泥螺含在嘴里，用舌头一吸一转，将螺肉吃入肚中，螺壳和沙囊吐在碟里。

当天晚上就住在阿沈家里，是二楼的房间，躺在老木床上，看着屋顶上镶嵌着一大块贝壳烧的半透明的明瓦，他在旁边说着话，木楼梯上偶尔有家养黄狗磨牙的声响，不知不觉就睡着了。

其实在北方，人们也经常吃炒田螺作为宵夜，可是与泥螺却完全是两种东西。田螺就是螺蛳，是淡水、稻田里的东西，而且也背着螺旋形的壳，不像泥螺是像蛤类般长团型的两小片。田螺通常要用辣椒和重油来炒，才够有滋有味。这其实是个有意义的生活启示：泥螺在有生之年受海潮冲刷，颇有点经过风浪的意思，可是身后便只要淡盐薄酒就厚味浓香；而田螺生前在农田中过得风平浪静，可是身后却要水深火热，油里来火里去，人们对它非要浓油赤酱仔细炮制了才肯罢休。

我后来住在大理，喜欢吃凉拌洱海螺，最喜欢当时一家叫作"苍洱春"的馆子做的，不过后来听说老妈妈传给了儿子，仿佛慢慢就不做了。据《新纂云南通志·物产考》载："田螺……又剔其尾之黄，滇名螺黄。可入汤馔，味美。"洱海里土生土长的螺并不大，也不像福寿螺那般会甩粉红色的子，是非常干净和安全的。韭菜炒螺黄，也是滇味名菜。

说了这么多，口干舌燥，临喝水前才想起要给泥螺写段家谱。也罢，就补上了吧：泥螺，俗名黄泥螺，也称"吐铁"。壳脆薄，呈卵圆形，白色，表面有螺旋状环纹。《海味索隐》载："泥螺出南田（岛）者佳，梅雨收制。一作吐铁，冬吐舌衔沙，沙黑如铁，至桃花时铁尽吐，粒大脂丰无茎，乃佳，为桃花泥螺。一作吐，八九月不复食泥，吐白脂，晶莹涂上，其所产称桂花泥螺，略逊。"肉可入药，《本草纲目》载有明目、生津功效。醉泥螺味极鲜香脆美，古人曾有诗赞曰："次第春糟土冰储，舟移万瓮入姑胥。安期写罢神仙箓，酒墨都成蝌蚪书。"

蜀中三鱼

美丽富饶的成都平原南部，古属眉州，今曰眉山，下辖彭山、新津、雅安等诸县。这三个地方我记得清楚，因为彭山盛产我很爱吃的枇杷，新津有肥美的黄辣丁，雅安有蒙顶山，产上好的蒙顶甘露和蒙顶黄芽，雅安还特产雅鱼。眉山市内倒没什么特别有名的特产，可是它养育了苏东坡。

眉山市内的三苏祠，是苏门三父子的故宅。中国纪念性的建筑，基本上是独享的，而像三苏祠这样同时纪念三位的还很少见。没办法，这苏家一门三学士，父子兄弟是分不开的。眉山的先贤除了文声甚高之外，还多长寿。彭山据说得名于彭祖，这老人家一口气活了 800 多年，应该是肉身长寿第一人。不论聪明还是长寿，按现在科学研究，多吃鱼都是绝对的重要原因之一。

蜀中多山川，古代，山为蜀道难，且不说它。而水本也时常泛滥，自从有了都江堰分流，加上乐山大佛那么一镇，倒是好了很多，益发灌溉的成都平原肥沃丰美。而乐山的岷江和青衣江里，出产中国最好的江团。

江团鱼表面无鳞，颜色上白下灰，头大有须，身肥肉厚，眼睛晶莹如珠。我总觉得江团是个有点仙气的东西，不喜欢见阳光，整天待在十几米深的江底，和暗流搏斗，饿了就吃点青苔，简直是鱼类中的隐者。冯玉祥爱吃的是清蒸江团，就是把江团和火腿片同时蒸了，重在滋味融合，汤鲜味美，冯将军吃过之后赞曰："四川江团，果然名不虚传。"我想起来，后来有位伟人在长沙吃了臭豆腐，也说了类似的话："火宫殿的臭豆腐，还是好吃。"既然大人物们如此，我等也要吃过之后不吝美誉才好。

不过我爱吃的是江团狮子头。从我个人的口味来说，我比较喜欢淮扬和徽州菜，而淮扬菜里的狮子头是一绝。可惜这几年很少吃到真正形如狮头、入口酥烂的狮子头了，常见的整个就是一猪肉大丸子。第一次吃江团狮子头是在眉州东坡酒楼。这家酒楼做的是苏东坡的家乡风味，但是也不乏推陈出新。江团狮子头使用江团肉泥做主料，加些猪肉丁反复上劲，做好的丸子雪白莹润，而且入口软烂，味道鲜美。最棒的是江团狮子头的配色，雪白的狮子头漂浮在绿色的汤汁中，别小看这个汤汁，是用一定比例的豌豆和青豆茸加了上好的鸡汤做成的。狮子头上还点缀一小撮橙红色的蟹粉，而整个狮子头是放在白瓷的小盅子里，配了镀金的架子，下面是跳动的红蓝色的火苗。这道菜的色彩，真的让人想起青翠的岷山中清澈的江水，以及嬉戏其中的江团，那种美味是口感上的，更是心灵上的。

除了江团，雅鱼也是赫赫有名的，是雅安"三绝"——雅鱼、雅雨、雅女之首。雅鱼裂腹红尾，形似鲤而鳞如鳟，和江团一样，性喜高洁，水质一旦不清澈雅洁，雅鱼即或迁或亡，决不妥协，比江团隐者般如空谷之幽兰更多一分惨烈。这倒让我想起春秋时代越王勾践的王后也叫雅鱼，在勾践卧薪尝胆的日子里，雅鱼以聪慧贤德和丈夫荣辱与共，面对吴国坚贞不屈，终于牺牲，就是不知道，是不是雅鱼的一缕芳魂终于寄托在这鱼儿身上？

吃雅鱼，一半是为了雅鱼身上的宝剑。把雅鱼和松茸片一起炖到汤色白如乳，撒点精盐，就可以吃了。千万别放葱花什么的，那是对雅鱼的侮辱。雅鱼的清汤，那份鲜美，好像海外仙山最高处，瑶池水滋润的那一朵灵芝带着仙气一样在你的舌尖化开，你不想说话，只想安静地回味那一刻如风逝去的感觉。喝完汤，就可以吃肉了，雅鱼的肉细腻如没有成形的玉石，我想这大概就是古书上说的"饮玉乳而登仙"的玉乳了吧。不过鱼头可不要轻易下嘴，轻轻地剥离鱼肉，从头骨里小心地摸索，慢慢地一把晶莹剔透的小宝剑闪着光华呈现在你的眼前。这把天堂宝剑，是女娲的神兵，也许这伟大的造物之神，是担心雅鱼而特别赐给它的。所以得到这把小宝剑的人，都会很郑重地把它包好随身携带，为今后尘世间的跋涉平添了一份安宁与勇气。

相比江团和雅鱼，黄辣丁算是四川比较常见的了。不过据我新津的同事说，新津黄辣丁是最好的，而当地人也把它叫作"黄鸭叫"。这倒是形象的很，黄辣丁体色黄绿，光滑无鳞，据说和兔子性格很像，兔子急了还咬人呢，黄辣丁急了就大叫，而且叫的不好听，类似于鸭子，嘎嘎嘎的，所以在北方也叫嘎鱼。可是我心里还是有点怀疑的，北方的嘎鱼能长到近20厘米，可是黄辣丁就很少见到大个的，都是小巧玲珑，一个人一次吃10条鱼没问题，那么就算是近亲吧。

别看黄辣丁小，它可是真正的凶猛动物，它偏爱肉食，所以身体脂肪含量高，肉质就格外鲜嫩滑润。当地人当然是爱吃辣的了，通常的做法是泡椒黄辣丁。我却更喜欢在北京王家渡火锅店里，用番茄锅底涮了吃。番茄锅底，汤色红润，看着就充满食欲，而里面又放了川滇特产的一种土豆，比北方的小很多，可是淀粉含量格外高，所以让整个番茄汤尝起来浓厚鲜美。而黄辣丁都是活杀的，一盘子直接倒进去，顽强的黄辣丁还在锅里跳动，赶紧盖了盖子，等到表皮泛了白，就可以捞出来品尝了。我都是直接吃的，不蘸什么小料，为的就是那番茄的甘美和黄辣丁的鲜滑那种不可多得的交相辉映。不过朋友们吃了王家渡火锅的一种小料，是用5种谷类特制的，那个滋味也非常相配，谷类的沙和鱼肉的滑是一种质感上的完美对比，而谷物的清香又不掩盖黄辣丁的鲜香，反而使其更有层次，有种芙蓉带露次第开的感觉。

人们时常缅怀眉州三苏，我却总是想起蜀中三鱼。吃完了，赶紧去"转朱阁，低绮户"，却见"大江东去"，顿生"十年生死两茫茫"人生常西水朝东之感。

六月黄

我是个北方人，有证据，证据就是我不怎么爱吃螃蟹，如果是南方人，看见螃蟹早就扑上去了。我主要是不能发现螃蟹的美，但是如果做得味重，我还是很喜欢的，比如上海的毛蟹炒年糕，香港的礼云子蒸蛋。最主要的是吃整只螃蟹太麻烦了，我特别佩服那些一只3两重大闸蟹吃3个小时的人，而他们吃完后还能把壳腿摆回原状，这绝对称得上是"奇技淫巧"。

不过清蒸螃蟹里，如果用的是六月黄，我还是可以吃一两只的。中国人对食材的喜好是两个极端，要么特别老，比如十年陈放的豆瓣酱，要么特别嫩，比如小乳猪。事实告诉我，有些嫩的原材料确实给人不一样的惊喜。比如小嫩豆，是未长成的蜜豆种子，带着原始的还在萌发的嫩意，在口腔里仍然颤颤巍巍的，仿佛触碰即碎的试探，带来不可思议的植物的气息。动物里面最出名的"嫩模"大概就是乳猪，不过我总觉得好像又有点太过残忍。倒是六月黄让我念念不忘。

六月黄就是还没有完全长成的大闸蟹，等不及秋风起，人们就把小蟹拿来食用，可以油酱蒸，也可以挂面糊炸。我还是最爱清蒸。其实真到了螃蟹成熟时我倒未必那么渴望。从小在北方长大，习惯了直来直去的饮食，摆弄半天吃到嘴里不过蛋黄般大的东西的大闸蟹，对我来说不如一块充满鲜美肉汁的牛排或者一条表面烤得黏稠如蜜糖的河鳗。六月黄是个例外——它有那么美妙的、流动的黄膏啊，鲜美的妙不可言。就算吮指出声，那油润的黄色仍然流连在指间不会轻易褪去，用年轻的生命迸发的鲜美能让最挑剔的美食家都沉默不语，回味恬然。

六月黄还有一个好处——无须使用"蟹八件"。那一堆的小锤子、小剪子、小挠子、小叉子、小勺子……只适合菊花黄了做"雅集"。烹煮菊花有点焚琴煮鹤的恶俗，便约了好友，蒸一笼大闸蟹，看着菊花满园，慢慢热了花雕酒，大家边说话、边听曲、边看戏，一边慢慢整治那些螃蟹。这不是为了吃，这是为了"雅"。雅事之所以为雅事，其中之一的因素是不可时常为之。在平常，我最佩服之一的就是某某吃一只螃蟹用时两小时，且残余物优美无比，绝无狼藉之感。这种心无旁骛，一念不乱的境界，一直是我在念诵经文时追求而不可得的。

六月黄的皮壳还软得很。轻咂即烂，又不会渣子满口。用力一吸，膏黄满嘴，油润香嫩。突然想起小时候的神话故事，妖怪们总是乐于蒸些婴儿来吃，大概道理和吃六月黄差不多。一时间觉得自己嘴里的牙也长了起来，龇出唇外，不由"邪恶"地笑了。

胶东四大拌

山东是鲁菜的故乡，在鲁菜之中别有风味的就是胶东菜。胶东为半岛，三面环海，小海鲜种类非常丰富，而我尤其喜欢其中的"四大拌"。

胶东四大拌，最为常见和经典的是温拌海参、温拌海螺、温拌海蜇、温拌海肠。先不管主料，都有同样一个词——"温拌"。温拌是凉菜烹饪技法里很特殊的一种，是把原料氽烫熟，趁着温热即要拌入调料，也是趁着温热就要食用，才能品尝出温拌的好来。为什么要温拌？一般使用温拌技法的菜品原料都是加热放凉后会散发腥膻气的，聪明的中国厨师们就发明了温拌的技法。

先说海参。海参挺有意思的，在中国，比较看中它的保健养生功效，海参可以大补益气，功同人参，又生长在海洋之中，故名"海参"。而西方人虽然精确地验证出海参胆固醇为零，而且确实有很多对人体有益的微量元素，可是他们仍然不能接受海参丑陋怪异的外表，不仅不吃海参，而且看到海参表面小的肉刺突起，有点像黄瓜，给海参起了个比较形象但是跌份的名字——"海黄瓜"。温拌的海参，肯定就是鲜的辽参了，切成小段，口感不像干参发制后那么黏糯，而是带着脆嫩，有着温热刺激葱姜和酱油散发的温和香气。

还有海螺。海螺其实种类很多，但对于我这个山西人来说不太认得，对海螺的第一印象其实是小时候家人告诉我用空的螺壳罩在耳朵上面，听到类似潮汐回旋冲刷的声音，说那就是海的声音。后来我信奉了藏传佛教，其实学佛法是假的，倒是对藏文化很感兴趣，发现藏传佛教的八宝之一就是美丽的白海螺。藏传佛教尤其崇拜世间稀少的右旋海螺（螺口的旋转方向为顺时针），用它代表佛法在世间的妙音。我却爱吃海螺肉，确实有点焚琴煮鹤啊。温拌海螺口感脆嫩细腻，咸鲜适口，带着海螺肉特有的鲜甜，既是非常不错的下酒菜，又老少皆宜，怪不得被称为"盘中明珠"。

神奇的还有海蜇。在宁波，我曾听当地的老人讲过一段关于海蜇的海上传奇。有一年海上有大风暴，风暴过后，大家看到海面上逐渐浮起大大小小的海蜇，大的直径有一两米。人们都为这大海的恩赐感到高兴，捕捞得不亦乐乎。突然海水一阵翻滚，又出现了一只大海蜇，直径有六七米，大家都惊呆了，老人们都惊呼"海蜇王"。海蜇王带着剩下的大大小小的海蜇开始向远方游去，有不知厉害的渔家试图把海蜇王捕获，海蜇王射出几根毒刺，被射中的渔家浑身肿胀，不久就死去了。这段传奇给我留下了很深的印象，尤其是我从那十分难懂的宁波普通话中拼凑出这个故事，已经头晕脑胀。但这丝毫不影响我对海蜇的热爱，因为它实在是太好吃了。当海蜇变成一盘菜后，海蜇的身体部分称之为海蜇皮，而它的触须称之为蜇头，蜇头的味道和质感更佳。温拌海蜇一般用的都是蜇头，调味料除了酱油、醋、盐之外，最重要的是中国黄芥末。中国黄芥末一定要用开水拌，还要在一定的温度下捂几个小时，这样黄芥末才够冲、够劲。拌好的海蜇，脆韧爽口，芥末味道浓郁，开胃而过瘾。

不能忘的是海肠。百度上说海肠就是沙虫，其实是两回事。海肠是胶东海域的特产。据古书中记载，人类很早就已经开始食用海肠子，据说生活在海边的渔民，常把海肠子晒干，磨成粉末，做菜的时候就放点进去，会使菜肴更加鲜美，这可比今天的味精安全和美味多了。温拌海肠突出的是海肠的鲜、脆、嫩，葱香和蒜香交织，在口腔里萦绕不绝。海肠除了是一道美味，还具有温补肝肾、壮阳固精的作用，特别受男士的青睐。

酸汤鱼和波波糖

贵州其实不乏美食，比如黄粑、丝娃娃、红油米豆腐、八宝甲鱼、竹笋炖羊肉、乌江豆腐鱼，等等，要小吃有小吃，要大菜有大菜。然而，名声在外，饭馆开得也比较成功的是贵州酸汤鱼。

酸汤鱼，酸汤鱼，首要的是酸汤。先说说贵州为什么喜吃酸。中国的饮食口味特征大体上可以分为"南甜北咸，东辣西酸"。这其中的"南"，大体指中国长江以南地区，例如江、浙、沪等地，在饮食习惯上比较偏爱甜，像上海不论做什么菜出锅前一律撒把糖。"北"大体上指中国长江以北的地区，例如山东、河北、东北等地，你看山东的虾酱，真的可以咸得齁死人。"东"大体上指河南、山西和巴蜀之地，不止四川人能吃辣的，河南人爱吃胡椒粉提出的辣，山西的灯笼红辣椒是出口的。这个"西"大概说的就是云南、贵州、广西等地。他们爱吃的酸和山西人吃的酸不同，不是用醋，而是来源于酸性水果或者发酵。山西人吃醋的目的主要是为了软化食物和饮用水中较硬的矿物质，而云贵等地喜食酸主要是为了应对气候对人体的伤害。尤其贵州地区气候潮湿，多烟瘴，流行腹泻、痢疾等疾病，嗜酸不但可以提高食欲，还可以帮助消化和止泻。故而贵州有"三天不吃酸，走路打蹿蹿"的俗语。

酸汤鱼的酸汤产生的根源也是如此，但是酸汤的制作就颇有讲究了。贵州酸汤主要分成三大类，一类是肉类发酵沤制成的酸，比如鱼酸、虾酸、肉酸；一类是蔬菜豆腐制成的酸，比如豆腐酸、毛辣果酸；一类是面汤、米汤发酵制成的酸，有点像陕西的浆水。

这其中最著名的就是毛辣果酸。毛辣果在贵州常常被写成"毛辣角"，但是"角"发"果"的音。毛辣果就是野生小番茄，形状近似于圆球形，不像圣女果是长橄榄形。毛辣果酸汤的制作实际上就是毛辣果的发酵过程。通常是将新鲜野生毛辣果洗净，放入泡菜坛中，再加入仔姜、大蒜、红辣椒、盐等调味料，还要放入糯米粉，这样发酵的才好。为了怕发酵遭受其他细菌的影响，导致口味腐坏，还要加入白酒，之后要至少发酵15天，才能取用。使用时要把发酵的毛辣果剁碎，再和其他调料一起熬煮，做好的酸汤色泽红艳，酸味醇厚，有浓郁的发酵味道。

为了减轻这种发酵的臭味，正宗的毛辣果酸汤鱼里要加一种别处少见的香料——木姜子。木姜子也叫山胡椒，口感清凉、微辛，是很好的香料，又有开胃健脾的功效。可以放在酸汤里一起熬煮，也可以和烤辣椒碎等一起放在碗里，用滚沸的酸汤一浇，制成蘸水。有了好的酸汤，加上豆芽、豆腐、香蒜、香菜、酸菜等辅料，再加一条鲜活的好鱼，用这样的酸汤做出的酸汤鱼，肉质格外细嫩，汤头味道并不会特别的酸，而是有一种奇异的酸香，让你的味觉格外的灵敏起来。

贵州酸汤鱼以当地的苗族同胞做得最好，味道最为浓郁。这几年酸汤鱼火了之后，很多地方都做，但是滋味不够。有一次在北京我和玥翎、Cathy、张驰小聚，喝茶前去吃了云海肴，点了一锅酸汤鱼，觉得味道不浓，跟服务员一说，服务员直接去厨房里给我们端了一碗酸汤。我们都直接用勺喝，一边喝一边说："怎么还不够酸啊？"服务员顿时垮了："这是原汤，我们厨师都喝不了，觉得酸，其他顾客就更不行了。"我们4人对看一眼，那就这样将就吧。我估计，那个服务员的黑色服务经历中会有我们这一笔。

对于游客来说，酸的吃多了，总想调剂一下口味。苗族同胞们还有一种小吃，味道就甜的多了，那就是波波糖。波波糖是用糯米加工的饴糖和去皮炒熟的芝麻粉、豆粉做成的。做好的波波糖是球形的，但是层层起酥，色泽淡黄，味道不会过分甜腻，是香甜酥脆的感觉，尤其是吃完酸汤鱼，来几个波波糖，真的是很爽的一件事。波波糖因为是以饴糖为原料的，又有芝麻和黄豆辅助，故而营养丰富，而饴糖经过麦芽酶的作用可变为葡萄糖，直接进入血液，有润肺、止咳、化痰和助消化的作用。

波波糖为什么叫这个名字呢？是因为这种以前苗族王宫中的宫廷小点，看着简单，实际上要经过发、榨、熬、扯、起酥等十几道工序，做好后一个个洁白的酥糖就像春风拂荡的层层波澜，故名为波波糖。

酸汤鱼的酸，波波糖的甜，大美贵州，就在这对比的味道中。

海中乌金

康熙年间成书的《诸罗县志》是台湾省第一本正规的县志，分成很多的篇章，其中关于物产，有"乌金"一项。这个乌金，实乃今天的台湾乌鱼子是也。

乌鱼的学名是"鲻"，俗叫乌鲻、乌头。乌鱼是海水鱼，也可以在淡水中生存，本来是很常见的鱼种，正是因为母鱼的卵可以制成乌鱼子，就变得很名贵了。

好的乌鱼子价格不菲，但我理解乌鱼子的金贵，更在于它的美味。这等美味得来也不是很容易的。首先要看大海的恩赐。乌鱼可以人工养殖，一样可以得到肥大的乌鱼子，甚至香气上还要更浓郁一些，可是老食客总会觉得它比野生乌鱼的乌鱼子要逊色一些。差别在哪？我想主要是质感。野生乌鱼子要更为弹、软、耐嚼，还别有一种海洋之气。接下来，要看乌鱼子的加工技术。其实技术也还是其次，得看舍不舍得花那个时间。传统制作乌鱼子，要先把鱼卵漂清，除去附带物，再细细地挤去血水，而不能破坏鱼卵的形状，之后要用盐渍 5 小时左右，然后再用清水浸泡，脱去部分盐分，又需要几个小时。然后把乌鱼子放在木板下压去水分至一定程度，把它压为扁平形，再取出整形、整理，用麻绳扎好，挂起来日晒晾干，均匀接受阳光脱去水分，这又需要几个小时，制作乌鱼子才算大功告成。而现在也有用机器快速烘干的，那味道自然差了很多。成品后的乌鱼子呈琥珀色，晶莹剔透，丰美坚实而软硬适度。其实，从颜色上来看也是可以挑选乌鱼子的。台湾的乌鱼子一般是 4 条来源渠道：第一条渠道为美国、巴西、澳洲等地进口，以捕捞野生乌鱼做成乌鱼子居多，外形并无一定规格；第二条渠道为苗栗、彰化等区域的陆上人工鱼池，以海水养殖乌鱼，取得的乌鱼子外形较宽且短，整批货的色泽均一，偏暗红色；第三条渠道为彰化到台南的沿海海域，以海上箱网养殖乌鱼，养成的乌鱼子外形较宽且长，色泽不同；第四条渠道为随海潮洄流的乌鱼鱼群，以冬至前后 20 天捕捞的乌鱼最肥美，乌鱼子品质也较佳。乌鱼子的颜色由浅入深，外观呈橘黄色，油脂成分约 50%，香气最低，之上，就呈现橘红色，再之上，褐红色，油脂成分 80% 以上，香气就比较高了。如果外观呈深褐色，油脂成分接近 100%，那就是俗称的"血子"，香气最高，产量非常稀少。

最后，最重要的，还要找到一个会烹制乌鱼子的人。烹制乌鱼子倒也不难，最好的方法是用酒来烧灼。讲究的要用台湾金门高粱酒，先把乌鱼子除去表膜，然后用酒浸泡几分钟，夹起乌鱼子，直接点燃白酒进行烧灼。烧灼的程度要凭经验，烧灼过度，乌鱼子就失去黏性，鱼子在嘴里变得粒粒分明，不够有嚼劲了。烧灼的不够，乌鱼子又不够 Q 弹。唯有恰好，乌鱼子才会口感上佳，还带有浓郁的酒香。

吃乌鱼子，也不能空口，那样既咸也容易觉得苦腻。最好的是夹着新鲜的蒜片或者白萝卜片一起吃，不仅质感上是个对比，而且味道更加突出。年轻人也有用梨片或者苹果片配合着一起吃的，味道也不错，有点哈密瓜配伊比利亚火腿生吃的感觉。

　　乌鱼子因为特色明显，在台湾是很好的馈赠礼物。不过必须送成对的，用盒子认真地盛装起来，送出去一片南台湾的情意。

洱海银鱼，情思如练

　　一提到大理，知道的人立刻心中水风清净，心向往之。

　　大理是传说中神奇的双鹤开拓的疆土，是历史上文化灿烂的南诏故国，是金庸笔下拥有无量玉璧、茫茫点苍、天龙禅寺和一阳指的神奇国度，是今天无数游人心中的风花雪月。然而我知道，大理的美和灵气都在于那一方碧水——轻灵广博的洱海。

　　洱海是大理真正的母亲河啊，其实不仅是大理，洱海甚至是整个云南的灵魂。相传汉武帝夜梦七彩云朵，以为吉兆，派使臣追寻而去。一直追到今天的大理祥云县，被洱海所阻挡，只好无奈而返，遂将彩云之南命名为"云南"。今天的洱海，是白族人心目中如同眼睛般宝贵的东西，虽然洱海的水产丰富，但是每年都会有大概7个月的休渔期，以便让这无穷的宝库休养生息。

　　到了每年的七八月份，一般都会根据当年的具体情况，举行盛大的"开海节"，开海节后渔民们就可以进入洱海捕鱼，享受丰收的果实。开海仪式是在双廊红山半岛的景帝祠举行的。传说中的景帝是3个人，又说是一条绿色的大蛇，不管他是什么，他都是洱海的守护神。先说3个人的景帝。这3个人是红山景帝祠本主庙所供奉的本主王盛、王乐、王乐宽祖孙三代。王氏家族是唐朝六诏时东洱河蛮豪酋，全力支持南诏王统一六诏，成为大功臣。大本主王盛、小本主王乐宽因英勇善战，被南诏王封为大将军，王盛之子、王乐宽之父王乐亦官至清平官。特别是在后来的天宝战争中，王氏一门为守卫大理立下了赫赫战功。他们死后，被敕封为"赤男灵昭威光景帝"，被当地人敬为本主，历代祭祀至今。而本主怎么又会变成一条大蛇呢？在白族民间神话传说中，红山本主为保疆卫民而殉难，死后其身化为一条绿蛇，蛇头上有一"王"字，经常显灵，保护百姓，尤保船只行驶安全，故而成为洱海的守护之神。

开海节当天，需要举行盛大的仪式来祭祀红山本主。在祷告之后，会有德高望重的白族长者带领大家献上祭品，诵念祭文，然后焚表上苍，以求得一年的风调雨顺和鱼虾满仓。渔船则挂起白帆，纷纷下水。打鱼方式多种多样，有的是张开整个渔罩，有的是赶下一船鱼鹰，还有的是向水中撒下丝网，捕鱼活动热火朝天。而本主也不闲着，他的塑像被人们抬上大船，在海里乐呵呵地巡察，旁边有美妙的白族大本曲和白族舞蹈相伴。

开海节当天一般都能捕捞到十几斤重的大鱼，我自己最爱吃的却是细如竹筷、体长寸许的洱海银鱼。洱海的银鱼是最性感、最纯净的小鱼啦。我见过太湖的银鱼，也是略微发白的，虽然也很漂亮，但还是要略逊一筹。洱海的银鱼是完全透明的，除了两只小小的黑眼睛，通体都仿佛是用最好的玻璃种翡翠雕琢而成，又充满灵性。

银鱼是很好吃的，现在基本的做法就是银鱼蛋饼。把鸡蛋液和银鱼拌和均匀，下入油锅，慢慢煎成一张嵌满银鱼的蛋饼，吃起来既有银鱼的鲜美，又有鸡蛋淡淡的腥香。而在以前，白族人吃银鱼都是凉拌的。也不用滚水去焯，就是刚捕获的银鱼，蘸着用大蒜和烤过的干红辣椒打成粉末做成的香辣蘸水，就可以吃了。那是一种未经打扰的纯粹，也是一种无法言喻的鲜美。

其实，洱海中最好吃的还不是银鱼，是弓鱼。弓鱼就像一张银色的弯弓，虽然看不到鳞，可实际上它有一层细细的银鳞，做好后完全融化成一整张包裹鱼体的胶原蛋白膜，吃到嘴里，那种鲜香和滑美是一辈子都难忘的。可惜，弓鱼我只吃到过一次，而现在，洱海里真正的弓鱼已经消失，这种美味将永远只存在于我深深的记忆中。

鱼糕

湖南菜很知名，湘菜是中国八大菜系之一，而且有不少名菜看家，知名度最高的无疑是"毛氏红烧肉"。一字之差的湖北就有点尴尬，鄂菜好像知道的人不多。湖北我去过的城市不多，武汉倒是去过几次，很喜欢武汉的早餐。

有个朋友是古琴老师，也经营自己的茶坊，叫作耀迦。在他的会馆里，我体验了一次"左琴右茶"的茶事。左琴右茶，意思是入得茶室之门，面向长方形茶席，左手方为古琴师，右手方为泡茶师。为什么选择古琴？其一，古琴符合禅的精神——以简单而见希夷。古琴只有七弦，可是随手一拨，轻音起寂静安然，留白处敦睦人伦。其二，古琴演奏很能体现一个人的气质、个性和生命中的最为原真的东西，在现代快节奏生活的时代，能让我们从这古雅的琴音中得到宁静与和平。其三，古琴是文人乐器，你说它难，却是文人闲暇皆可弹奏之物，你说它简单，却难于境界；其四，琴曲的意境最易和茶相配，乃至泡茶动作都可能受琴音影响，而呈现韵律美。但这种影响，属于心意交融，而不像插花、焚香、书画会产生动作上的干扰。

耀迦师承西江居士、欧阳修32代孙欧阳勋先生，以师承故，亦名"西江耀迦"。耀迦喜琴擅琴，经常在联络之时问到当下所为，答曰"弹琴"。见我到来，耀迦推掉一切琐事，又拿出珍藏的20世纪80年代初期老潮汕"米缸"茶。茶本奇种，自为单丛，虽然粗老，亦为民生。放在米缸内存放，久而忘之，却便宜了我们。我随身带了蒙顶甘露，少见的兰花香绿茶，虽是敝帚，总是自珍。

烧好耀迦陶罐静放的长江水，拿了他珍爱的朱泥石瓢瀹泡老单丛。隔着沉香线香的青烟，耀迦开始弹奏我最喜欢的古琴曲《平沙落雁》。大雁翔集，几起几落，望尽天涯之后，便有平淡的可贵。这支曲子最适合老茶了！我尽量感知琴曲的韵味，茶过三巡，琴曲已歇，我还在问耀迦："怎么这曲子变得这么短了？"耀迦笑答，你是太专注了。呀，这种感受，就是"净"吧。

再用盖碗泡蒙顶甘露，因为要降低冲泡水温，我用公杯和烧水壶互相倒水来加速降温。耀迦选曲《双鹤听泉》，倒水之声恰与琴曲相和，有"听泉"意。茶已出汤，琴曲恰好弹完，考耀迦是何茶，观其凝神思索，大笑。

这段伯牙子期的经历之后，耀迦的事业有更大的发展，他又在荆州有了自己的一方天地。说到荆州，我还没去过，不过有样吃食是荆州的，以前倒是常吃，那就是荆州鱼糕。

鱼糕是荆州的最好，特别嫩特别白。吃鱼不见鱼，鱼含肉味，肉有鱼香，清香滑嫩，入口即融。夹起来一片，嫩嫩滑滑，颤颤巍巍，边上再配上金黄色的蛋皮，你就会立刻想起旺仔牛奶的广告词——再看我，再看我就把你吃掉。

荆州，就是刘备借荆州的那个荆州，又是大意失荆州的那个荆州，不过荆州鱼糕和刘备可没什么关系。鱼糕的历史可是悠久得多。鱼糕据说是女英发明的。相传舜帝南巡，先带二妃娥皇、女英，结果到了荆州，娥皇染病，喉咙肿痛，想吃鱼肉，又厌烦吐刺。女英选当地之鱼，加上莲子粉和肉，做成鱼糕，娥皇吃后，大赞其味，病好大半。不过，舜帝勤于政务，未待娥皇痊愈，即先行离开，后来不幸在南巡途中病故，二妃后至，泪洒斑竹，滴滴如血，是为湘妃竹。

不说湘妃竹，且说鱼糕，一样是真情所化。做鱼糕，要把青鱼去皮，沿主骨取片，剁成茸。剁茸的时候不能用刀刃，必须用刀背，也急不得，要剁的力度均匀，否则不是绵软，而是弹牙了。鱼茸剁好后，加上蛋清搅拌，不要太快，上劲太足也容易影响口感。然后分几次加上姜水，直到搅拌成稠粥状，再加上葱白末、肥猪肉丁、淀粉、盐搅匀。这时要烧蒸锅，铺上湿纱布，将鱼茸倒上抹平，蒸到定型时，打开锅盖，用干净的毛巾蘸掉鱼糕表面水分，将鸡蛋黄均匀抹在表面，再蒸几分钟即可。然后等冷了，把鱼糕取出，切成长方片即可。

鱼糕因为已经熟了，怎么吃都行。不过我最喜欢吃鱼糕汤。这样鱼糕的鲜美也能融到汤里，而加上汤水滋润，鱼糕也就更嫩，喝一碗鱼糕汤，保证能让人从里到外都那么熨帖。

转角遇到蚵仔煎

"蚵仔"是闽南语，指小的海蛎子。海蛎子就是牡蛎，牡蛎就是生蚝。不同产地的生蚝当然味道会有不同，价格也高于一般牡蛎，但是其实它们就是一种东西。蚵仔煎顾名思义就是煎蚵仔，我自己觉得厦门的最好吃，台湾也有，他们叫"偶啊煎"。

台湾民间传闻，国姓爷郑成功收复台湾时，占据台湾的荷兰军队曾经坚壁清野，把米粮全都藏匿起来，郑家军在十分缺粮的时候，只好就地取材，把台湾特产蚵仔、番薯粉混合加水和一和，煎成饼吃，想不到竟流传后世，成了风靡全省的小吃。这个传说我是不信的，因为首先蚵仔不是台湾才有，其次福建有蚵仔煎比台湾早得多。

我倒是认可蚵仔煎是先民就地取材的发明，在粮食不足而海产丰富的时候，充分利用大海的馈赠，做出既可以果腹又味道鲜美的食物，这本身就是一个传奇。

不过我也承认，台湾为蚵仔煎的宣传还是出了力的。2007年大S徐熙媛、小猪罗志祥主演过一部台湾青春偶像剧《转角遇到爱》，讲述一个让人艳羡的"公主"，一个怀才不遇的画家，在人生的转角相遇，演绎出一段令人心动的浪漫爱情童话。这部戏里罗志祥曾经教大S做蚵仔煎。台湾的蚵仔煎基本做法和厦门的不同。台湾的蚵仔煎番薯粉的量很大，因为他们追求的不是嫩，而是"Q"，这个标准不同，则味道肯定不同。此外，台湾的蚵仔煎更爱使用鸡蛋，除了蚵仔，还加大量的青菜。煎好的蚵仔煎弹性大，也比较有半透明的感觉，另外吃的时候淋上味噌，还有的挤上番茄酱。这样的蚵仔煎就非常台式化，只不过，我们北方人不太喜欢过分的甜不甜咸不咸的味道，所以我不太爱吃。

厦门传统的蚵仔煎，要把肥膘肉切成丁，大蒜或蒜苗切片，也有用小葱的，和海蛎、干淀粉、精盐、五香粉拌匀成糊，然后锅里最好放猪油，将海蛎糊下锅，摊平，煎一会儿，磕上两个鸭蛋，摊平后翻锅再煎另一面，上面再磕两个鸭蛋，煎熟后淋上香油即成。所以厦门的蚵仔煎，原汁原味，海蛎子特有的腥香味浓郁，面酥里嫩，油润鲜香，非常可口。

大家如果去厦门，局口街横巷口内的莲欢海蛎煎小吃店，是原来新南轩巷口老海蛎煎店搬过去的，虽然已有近30年的历史了，现在也算是网红店。不过他们做蚵仔煎用鸡蛋和小葱，也配酸甜酱，好是好在海蛎子新鲜，也肯多放一些。

其实海鲜类的食材和鸭蛋是非常相配的。2014年的时候我去泰国为诗琳通公主60大寿的宴会做泡茶服务，接待我们的泰国开泰银行的高管专门推荐了他们十分认可的做咖喱蟹的餐馆。我们去品尝了两次，确实出品稳定，咖喱蟹的味道也十分出众。回国后我们的厨师团队曾经仿制，然而总觉得味道上还不能达到相似水准。经过一段时间的改进和摸索，我们觉得已经非常接近，但似乎总有什么地方有欠缺。又专程去泰国请教，看到了很多细节，才发现泰国大厨是用鸭蛋来制作咖喱蟹而不是用鸡蛋。使用鸭蛋的话，整体的口感会更加细腻丰富，质感上面的润泽度也好很多。可见，中泰两国在处理海鲜方面，传统上都认为鸭蛋会更相配一些。

鱼丸面

我们北方人爱吃面食，面条当然也不在话下。不过我们吃面条，虽然口味众多，甜的、咸的、酸的、辣的……浇头也多种多样，猪肉打卤、羊肉胡萝卜、牛肉土豆丁、鸡蛋西红柿、蒜薹猪肉丁……面条样子也各有特色，腰带面、柳叶面、拉面、河捞、猫耳朵、擦饹斗、拨鱼，等等，可是我们不会把面条掺杂其他食物一起吃。南方的那种云吞面——馄饨和面条在一起煮，鱼丸面——鱼丸和面条一起煮，等等，我们不这样做，可是也觉得挺好吃。

关于鱼丸面，我想大部分的年轻人最熟悉的就是香港影片《麦兜的故事》里那只粉红色的小猪麦兜，和校长之间关于鱼丸面的搞笑对白。麦兜是这样折磨校长的——

麦兜："麻烦你，鱼丸粗面。"校长："没有粗面。"麦兜："是吗？来碗鱼丸河粉吧。"校长："没有鱼丸。"麦兜："是吗？那牛肚粗面吧。"校长："没有粗面。"麦兜："那要鱼丸油面吧。"校长："没有鱼丸。"麦兜："怎么什么都没有啊？那要墨鱼丸粗面吧。"校长："没有粗面。"麦兜："又卖完了？麻烦你来碗鱼丸米线。"校长："没有鱼丸。"

旁边的小猫忍不住了，主动和麦兜解释："麦兜啊，他们的鱼丸跟粗面卖光了，就是所有跟鱼丸和粗面的配搭都没有了。"麦兜："哦！没有那些搭配啊……麻烦你只要鱼丸。"校长："没有鱼丸。"麦兜："那粗面呢？"校长："没有粗面。"麦兜："什么都没有，开什么店！"

我想不仅是麦兜爱吃鱼丸面，因为在中国，广东福建和浙江都有鱼丸面。不过形状不同。温州的鱼丸或者鱼圆其实不是圆形的，是不规则的条形，表面也不很光滑。我其实第一次见到感觉奇怪——这个命名和实际形状也太不一致了吧？

做温州鱼丸可以用的鱼品种很多，常见的是炮鱼、马鲛鱼，黄鱼当然也可以。不过黄鱼现在比较少，而且小刺多、肉也比较碎，虽然味道好，性价比不高。把新鲜的海鱼肉挑去鱼刺后切成大片，用刀刮成鱼茸，用酒、盐和胡椒粉浸渍片刻，加淀粉（番薯粉、木薯粉、玉米淀粉都可以）拌入姜丝、葱末均匀混合，用手搅拌上劲，同时让鱼肉胶质均匀。将鱼肉用手指挤成条状下沸水锅中，所以温州鱼圆是条状的。煮到透明上浮便是熟了。用锅中原汤煮细面条，再加上鱼丸，调入米醋、葱花等即可。

广东鱼丸面也是把鱼丸和面条同煮，放几颗菜心，纯粹的清汤上面再撒一把葱花。但是广东鱼丸是滴溜溜的圆球。也特别追求鱼丸的质感。要求是从一米的高度扔到地上回弹要超过半米，这样才能弹牙。潮菜美食家张新民老师说，广东鱼丸是很挑鱼的。必须用白肉鱼而且也不能太水嫩，否则打出来的鱼丸就不好。潮汕鱼丸的原料，虽然有时也取自鳗鱼、淡甲（鲬鱼）等鱼类，但廉价的那哥鱼肉质反而更加细嫩，用其制作的鱼丸质地特别松软爽脆，因而当地的鱼丸几乎全部都是用那哥鱼打成的。广东鱼丸还有一个和温州鱼丸不一样的地方，它不是挤的，是"打"的。前面的过程都差不多，也是把鱼肉变成鱼肉糜，之后加入蛋清、淀粉，然后用手猛力拍打，边拍打边加入盐水，直打到鱼茸起胶，黏在手底不易坠下，放入冷水中能浮起为准。福建也有鱼丸面，和广东的类似，但是福建的鱼丸面也有不带汤的。还是先把面条和鱼丸煮好，沥干水分，然后配上烫熟的青菜，炒好的肉末，加上酱油、鱼露等调料拌着吃。这个就更加赏心悦目——鱼丸雪白，面条嫩黄，青菜碧绿，酱香浓郁，鱼露鲜美，很合我的心意。

盆菜：真挚的人间滋味

我是太原人，我们山西从农副产品来看，不是一个丰富的地方。连带着山西菜没那么花哨、多变。我从小爱吃的大烩菜，基本就是白菜、发好的干海带、土豆块、粗粉条，加上猪肉块用酱油烧，有时也配炸过的丸子和泡发的金针。然而山西大烩菜是味浓的，真挚的，每种食材都不能小觑，却又有难以言说的融为一体的美味。记得高中元旦班级聚会，大家准备吃食在教室里吃饭，出了花花绿绿的板报，也挂着花花绿绿的字纸，照例是洋溢着喜气的，心里有莫名的开心。我记着有一位五台县（五台山）的同学，准备了山西铜锅。山西铜锅用的铜锅和北京涮羊肉的火锅一样，然而做法却不同。便是在锅里事先码好一层层一圈圈的卤肉片、丸子、酥肉、豆腐干、白菜等，也有粉条、土豆，而且还放了小半碗干贝。我是第一次对干贝有明确的印象，也记得那个铜锅味道超级好，好到我现在已经完全忘记很多读书时的人和事，却依然真切地记得那个铜锅和那飘飞的花花绿绿。

这种清晰，来源于乡土，根植于骨血，哪怕我离开，面对新的无穷选择，仍然按照既定的轨迹与新的可能不期而遇。当我看到"盆菜"，我就知道是我想要的。

盆菜，广东人更喜欢叫"大盆菜"，带着猛烈的潮风海气。和一般理解的粤菜不同，绝对是浓烈的红烧。也是一层一层的在盆中摆好，萝卜、腐竹、鱿鱼、猪皮是最常见的，过节便要加冬菇、鸡、鲮鱼球、花胶、鹅掌，等等，有钱的还要加大虾、鲍鱼、蚝，等等，不仅分圈还有分层。海味都是名贵的，然而最不能少的却是炆猪肉。炆猪肉，就是红烧猪肉块。这些食材，不管荤的素的，都贡献自己的味道到汤汁中，再从汤汁中吸回百种味道，最后变成一种味道，却丰富得不得了，你吃萝卜是萝卜，可是又不是萝卜，鲜甜软烂却有浓郁的味道。我还爱吃煮到最后那浓稠的味汁，都是胶原蛋白啊，黏得张不开嘴，拌饭最是好吃。

盆菜怎么来的？我听说的版本有两个：一个是宋末帝赵昺逃难，民众亦无长物，但又不愿怠慢，故而将一切能拿得出手的食材汇聚一盆烹烧奉上；一种是文天祥北退零丁洋，民众尽心力招待，以盆盛着各家相赠的菜，由猪皮垫底，一层一层地加上去，一盆一盆罗列出来给士兵们吃。不管哪种说法，皆是传说，然而大抵是落了难的，别说落了难，就是"穷在闹市无人问"，那也是常见的，肯用自己的不丰富成就一份丰富的招待，那是满满的人间情义了。

再寻思，文天祥过零丁洋之际，已经退无可退了。小时候背过的文天祥的诗清晰地想起："辛苦遭逢起一经，干戈寥落四周星。山河破碎风飘絮，身世浮沉雨打萍。惶恐滩头说惶恐，零丁洋里叹零丁。人生自古谁无死，留取丹心照汗青。"这么一个铁骨铮铮的汉子，既然存了留取丹心的心思，那便是以死明志了。能在惶恐的境地里吃到一盆盆菜，哪怕只是烧萝卜、猪肉、鱼块，也是一种人心的慰藉吧。同样的还有赵昺，通常的介绍是"南宋亦是宋朝最后一位皇帝，在位 2 年，享年 8 岁"。8 岁，还是一个孩子，这样的一个孩子因为南宋于 1279 年 3 月在崖山海战中被元军大败，全军覆灭，被大臣陆秀夫背在背上跳海而死。不知道他那时是否在无比的凄惶中还能忆起盆菜的一丝温暖？

不说沉重的历史，单说现今吃盆菜。在广东那是人挨着人，围着一盆菜吃的，莫名彼此就会格外亲近。吃盆菜也允许每个人在里面翻翻捡捡，拣自己喜欢的吃，不仅是满足各人的口味，更是大家共同捞个风生水起，仿佛为彼此、为自己都吃出了一片锦绣天地。

番禺的礼云子

可能您和我一样，第一次看见"礼云子"这三个字，完全不知道什么意思。我当时想，可能是种植物的种子吧，就像台湾的破布子一样。事实证明，我错了。

番禺为什么称为"海滨邹鲁"？那说明番禺虽然不是中原，可是儒家文化的传承是非常到位的。儒家的老祖宗、孔圣先师在《论语·阳货篇》中说过："礼云礼云，玉帛云乎哉？乐云乐云，钟鼓云乎哉？"什么意思呢？是因为那时的君主唯知崇尚玉帛，而不能安土治民，奏乐必假钟鼓，而不能移风易俗，故孔子表明礼之所云不在玉帛，乐之所云不在钟鼓。礼以敬为重，玉帛是礼的文饰，只用来表达敬意而已。乐主于和，钟鼓只是乐器而已。当时所谓礼乐，是重于物而简于敬，敲击钟鼓而不合雅颂，这是本末倒置啊。

　　动物界有种小螃蟹，行为挺符合孔子的理论。这小螃蟹也就一元硬币大小，可是特别懂礼数，平常横着走，一旦受到惊吓时，就会停下，将两条粗大的前螯合抱，犹如古人见面时，所行抱拳作揖的礼节，倒是颇有先礼后兵的领悟。因此这小螃蟹就被赋予了"礼云"的雅称，小螃蟹的卵子，就是礼云子了。

　　礼云子本身不是特别金贵的食物，但是它的珍贵之处在于收集过程的繁琐耗时。蟹卵的保鲜期稍纵即逝，如果不能即刻食用，哪怕是马上冷藏保鲜，过一两日滋味也就大不如前。而且螃蟹之卵也就每年清明前后20多天才产，凡此种种，使它成了稀缺资源。试试看，从一只银元般大小的螃蟹身上能取出多少粒卵子？礼云子刚取出来是灰灰黑黑的一堆小颗粒，并不诱人，一经火烹，马上脱胎换骨，蜕变成一片珊瑚一样的艳红，其味类似蟹黄，却胜过蟹黄。尤其用来蒸蛋，铺上薄薄一层，立刻化普通为神奇，不仅色泽金红，香气扑鼻，滋味更是妙不可言。

　　礼云子是螃蟹之卵，虽然一小勺可能也是千百条生命，从宗教的角度来说，不是功德之事。但从食物链的角度来说，据屈大均《广东新语》记载："广州濒海之田，多产蟛蜞，岁食谷芽为农害。"广东沿海的沙田地里，蟛蜞对春天里的秧苗生长不利，因此人们以放养鸭子吃蟛蜞来保收获，后来可能人们不想便宜鸭子，便自己来吃了，然后也就发现了礼云子的美妙。

　　不管吃不吃，感恩食物带给我们的美好。这小螃蟹的名字要记住，其实刚才屈大均已经说了——"蟛蜞"是也。

沁脾香菌

松茸、松露和鸡枞

云南是菌子的故乡，种类多得不得了，好吃的菌子也多得不得了。我基本上都很喜欢，从鸡枞到干巴菌，从见手青到黑牛肝、黄牛肝、红牛肝，哪一样都是鲜美到令人觉得幸福来得特别突然。楚雄每年都有鲜菌节，香格里拉的松茸一枝独秀，其实名贵的菌子大理产的也很多，松茸、松露、鸡枞大理都有。大理历经唐之南诏国、宋之大理国等时期，上下 4 000 年辉煌历史，不仅是文献名邦，想来也遗留不少宝藏。无量山的宝藏就被金庸老先生知道了，不过据他说已经让段誉占了便宜。得到这些宝藏大多都是要历经九死一生，最终可能成功，也可能小命呜呼，像段誉那样没有目的而最终得到宝藏的奇遇不多。可是大理还有近在眼前的宝藏，就要看你有没有缘分得到了。

苍山新雨后，土地带着潮湿的雾气，被红土高原的强烈阳光一烘烤，各种各样的菌子在松荫下迫不及待地露出一个个紧紧挤着的小脑袋，同去采菌子的人，不时惊叫一声，肯定是又发现了一丛新鲜的菌子，每个人脸上都洋溢着满足开朗的笑容，真的是比得到南诏王的宝藏还要快乐。更为关键的是，宝藏往往想要独吞，而采到的菌子大家会拿出来或者招呼同伴一起观看搜寻，把自己的快乐分给每一个同来的人。

其实菌子真的就是宝藏。世界四大名菌松露、松茸、牛肝菌、羊肚菌价格都不低。一提松露，最知名的还是法国松露，这和法餐在世界美食体系中的地位有很大关系。从颜色上来说，松露有黑白两种，白松露更为稀少和贵重。白松露只在意大利和克罗地亚有少量出产，黑松露在意大利、西班牙、法国和中国均有出产。而中国的黑松露，就产自云南。

在云南的黑松露，因为其貌不扬，而且气味不同于一般的菌子，其实以前并不被当地人看好。而喜欢松露气味的人则认为松露香的不得了，所以在法国，一盘菜在最后撒一点黑松露的碎屑，都被认为是高档和美好的，更别提再浇上几毫升白松露油了。松露到底什么味道呢？我觉得好像微雨打湿的丛林，古树散发的气息，而法国有的美食家描绘它为"经年未洗的床单"散发的味道。不管什么味道，这种味道在松林里极具隐蔽性，因为和树林里的气息完全一致，必须依靠极为敏锐的嗅觉才能分辨。世界上，嗅觉最好的家畜就是猪了，所以在这方面中法两国极为相似，法国训练猪来寻觅松露，而在中国云南，老乡们则直接把这种黑色的块状菌命名为"猪拱菌"。

黑松露在云南，食用方法很多，绝不像国外那么"小气"。我自己比较喜欢的是松露蒸蛋，在黄嫩的蒸蛋上排着十几片黑松露，色泽搭配的俏皮而不张扬，香气美妙神奇，而又能尝到松露菌较之其他菌子显得脆硬的质感。以前淮扬菜名厨侯新庆大师主理北京中国大饭店夏宫餐厅的时候，做过一道黑松露红烧肉，味道非常浓郁香醇，是一个惊艳的搭配。

不过说实话，云南松露在香气上确实无法和法国黑松露相媲美，差距还是比较明显的。云南松露虽然不是最佳，但毕竟也系出名门。而我认为能拔头筹的菌子就是云南松茸了。松茸也不是中国独有，日本、朝鲜半岛皆有出产。哪怕是在国内，东北长白山也是出产松茸的，可是我认为最好的还是云南出产的松茸。

不管是松露还是松茸，都是由菌和松根结合产生活性菌根带，在相对湿润的环境里生长。不同的是松露只要成熟，即使不采摘，一年之后也会自然死亡，而松茸却不同。只要松树健康、土壤条件稳定，它的寿命是很长的。而且茎干越粗越长的松茸，等级越高。不过，松茸的菌盖是不能展开的，一旦菌盖展开，就没有了任何经济价值，当地人有时候形容健康而懒惰无用的人就叫他"开花松茸"。

"有味使其出，无味使其入"，这是中国关于食材处理思维模式的一句话，我一直非常欣赏这句话——简单而直指本质。松茸是我所见味道非常浓郁的蔬食，当然，它的制作方式就都比较简单。

简单不代表容易，但凡化繁为简，都需要深厚功力。要想做一份好的松茸饮食，首先你必须有好的食材。松茸这样好的食材，往往在每年7月才出产，到9月份基本也就走下坡路了。它的出产期太短，所以，市面上就有急冻的产品。急冻松茸其实是需要在产地采摘后即刻清洗、水煮，然后低温速冻，一般都可以保质一年以上。可是，香气已经差了很多，令人叹息。

如果能有新鲜的松茸，那就千万不要等待，不要用水冲洗，那样会损失香气。要用无异味的纸巾沾着水轻轻擦拭，去掉灰尘苔藓松毛之类的杂物，也不要用不锈钢刀之类的金属刀具，要用陶瓷刀把松茸片成薄片，放在炙板上烤，然后直接沾一点海盐食用，仿佛整座松林的香气都在嘴里散开，真的好像在天然氧吧里吸了氧一般，身体立刻活力四射。

　　如果是急冻的松茸，用的方法就可以复杂一点。比如香烧松茸。香烧松茸要把松茸切片拉油，再入锅炒。急冻到位的松茸，在拉油的时候，松茸切片不会皱缩，色泽也不会有太大变化，而经过这样的技法烧制，松茸最终表现的效果还是令人非常满意的。

　　有意思的是喜欢和不喜欢松茸气味的人同样两极分化。它浓郁的松香味道，在以前被不喜欢它的云南人认为是一种邪恶的气息，称呼它为"臭鸡枞"，直到知晓了日本人对它的狂热，才发现了它巨大的经济价值。

　　实际上，松茸最大的价值是它在养生方面的作用。日本在第二次世界大战时被投掷两颗原子弹，辐射过的地方寸草不生，而松茸却可以正常地生长，可见松茸的抗辐射能力极强。而这么多年研究也表明，松茸对于治疗糖尿病也有着非常好的效果。

　　能保存的而且依然香气十足的是鸡枞菌。鸡枞必须长在白蚂蚁窝上，而且要雷雨天才会迅速成熟。苍山上的雷雨天，山上的空气中氮气会迅速增加，成为催熟鸡枞菌的必要条件。这也是苍山鸡枞菌香气浓郁的形成原因。四川也产一种灰白色的鸡枞菌，四川人叫"斗鸡菇"，香气就要逊色得多。鸡枞大量成熟，也无法长期生鲜保存，大理白族同胞发明了"油鸡枞"的做法——把新鲜鸡枞菌手撕成小段，拌入适量盐、鸡精、草果粉、八角、红辣椒末、蒜片，腌制 15 分钟后，挤干水分。炒锅内放油（要能没过鸡枞），加热后下鸡枞，炸至棕红色即可。此法也适用于任何蘑菇，味道较鲜蘑菇更加油润香浓，且有嚼头，很适合下饭。

张家口不产的"口蘑"

　　口蘑满足了我对蘑菇的一切想象——紧密结实的菌盖、短短的可爱的菌柄、洁白的色彩、清新的香气、细密的质感……和小时候看图画书得到的印象完全一致，这不就是蘑菇最为直观的代表嘛？虽然后来我居住在大理 5 年，看过了各种各样的菌子——愣头愣脑的青头菌，长老了会开伞的鸡枞菌，仿若黑色小球，断面有着大理石花纹般的块菌，颜色红润的红牛肝菌，表面黏滑、松香浓郁的松茸……可是我还是觉得口蘑充满了童话书里的正能量。

这次的蔬食研究，让我纠正了自己认识上的两个误区：一个关乎食物，另一个和食物无关。关乎食物的是，口蘑是内蒙的特产，而不是张家口的蘑菇。无关食物的是，张家口不是我们山西走西口的那个"口"。

口蘑之所以叫作口蘑，确实和张家口有关，但并不是张家口所产，而是内蒙所产，但是进入内地市场，是以张家口为重要的清理、加工、包装的集散地，所以就被称之为"口蘑"。口蘑的主要产地在锡盟的东乌旗、西乌旗和阿巴嘎旗，呼伦贝尔市，通辽等草原地区，这些地区的地理特征比较相像，都具有腐殖质厚密的土壤，畜牧业发达，牛粪、羊粪等为口蘑生长提供重要的基质和养分。口蘑味道鲜美，口感细腻软滑，菌香也比较浓郁，又不像其他蘑菇特别容易腐坏，因此确实是非常理想的素食料理食材。

据说美国人很喜欢白蘑菇，是因为白蘑菇中含有大量的维生素 D。早年美国《洛杉矶时报》报道，称研究发现，白蘑菇是唯一一种能提供维生素 D 的蔬菜，当白蘑菇受到紫外线照射的时候，就会产生大量的维生素 D。而多摄入维生素 D，就能很好地预防骨质疏松症。白蘑菇就是中国人所说的口蘑。但是这一说法我在洛杉矶的时候，并不曾得到有效的验证。当地人是比较喜欢菌类，尤其是意大利餐馆，喜欢拌入菌类的意面，然而大多是草菇，口蘑基本看不到。不过中国对美出口的食品中，蘑菇罐头是大宗货物，马口铁罐的口蘑罐头倒是非常常见。

吃素了以后，应用蘑菇的机会多了起来。我很喜欢咖喱焗大理土豆配口蘑。大理土豆的事情我们另外再说，先说口蘑。咖喱我非常喜欢，不论黄咖喱、绿咖喱还是红咖喱，然而大部分的中国人似乎更加钟爱黄咖喱，不光是色泽诱人，香气也更为浓厚。然而印度的配方我不太喜欢，回口儿发苦，香气比较低沉。泰国咖喱的香气活泼得多，加上椰奶和柠檬叶，无论香气还是味道层次都更加丰富，混合土豆烧炖，汤汁也显得黏稠。点睛的还是口蘑啊，一种特殊的香气，说不出来，然而不可或缺。

末了说说那件无关食物的事。我大学学的是明清商业史，研究晋商。山西商人的足迹曾经在明清时期达到今日都不可轻易抵达之处，我们山西人经常说的"走西口"，我一直以为是由太原北上，经过大同，穿过张家口而进入内蒙。其实民间所说的"走西口"的这个"西口"，应该是指山西朔州市右玉县的杀虎口。走出这个西口，就到了昔日由山西人包揽经商的归化与绥远（统称归绥）、库伦和多伦、乌里雅苏台和科布多及新疆等地区。杀虎口还是通往蒙古恰克图和俄罗斯等地的重要商道。以颜料、茶叶等货物起家的晋商，不知道漫漫驼队当中，归家的时候是否会捎回洁白的口蘑，寄托羁旅的思念？

冰花玉络有竹荪

我访问四川的同事："我问你'竹荪'，你首先会想到什么？"同事："竹笋？我们经常吃啊，还去采。一下雨，长得可快了……""等等，我说的是竹荪，不是竹笋，你知道吗？那种有白色蕾丝裙子的菌类？""噢，那个呀，长在死竹子上，我们看见就采起来扔了，要不然过几天它会烂，有种臭味……"我觉得这种谈话完全偏离了我的预期，我决定还是不继续了。

可是，竹荪是四川特产啊，我应该努力发掘出它在四川的人文特质。所以，过了几天我请厨师长做了一份清炖竹荪汤盅，再请四川同事品尝。她尝了一口，说："嗯，味道挺特殊的。嗨，院长（我是眉州东坡管理学院的院长，他们叫习惯了），你小的时候也一定去过公共澡堂子吧？和那里的味道差不多……"我觉得我有深深的挫败感，后来直到看了一本法国很有名的美食家写的日记，其中记载着他热情地推荐黑松露给他的朋友品尝，他的朋友认真地给出"经年未洗的床单味道"的品鉴结论，我才释然了。

竹荪其实真的挺好吃的啊。清代有一本专门讲素食的书，叫作《素食说略》，里面"竹松"条还专门说到了竹荪——"或作竹荪，出四川。滚水淬过，酌加盐、料酒，以高汤煨之。清脆腴美，得未曾有。或与嫩豆腐、玉兰片色白之菜同煨尚可，不宜夹杂别物并搭馈也"。我觉得作者薛宝辰是很懂竹荪的。作为陕西人，他能如此了解四川的食材，确实是一位博学的翰林院学士，也是一位很懂素食的美食家。

　　爱吃竹荪的人，除了味道，也喜欢它白色的"蕾丝裙子"，其实是竹荪的菌罩。竹荪生长在竹林，却不影响竹子生长，它是依靠分解死掉的竹根而存活的。简单地说，竹荪孢子依靠竹根，先生成菌丝，然后逐渐膨大扭结，最后长成一颗小圆球，我们叫"竹荪蛋"，这个蛋再长大变成桃子型，从"桃子尖"处长出菌帽，菌帽张开白色的菌罩，就可以采摘了。竹荪破蕾开裙一般在凌晨，竹荪蛋蛋壳从爆开一两厘米，到完全撑起来不过两个小时，必须做到随开随采。采收时，用刀把竹荪底部切断，取掉菌帽，只留菌柄和菌罩，用湿纱布擦干净或用少量清水冲洗干净，置于垫有可以吸水的草纸的竹篮里，不可撕破弄断。家里一般都是晒干，晒干后会变成微黄带褐，但不是深黄，一般10斤也就能得二三两干燥的竹荪，可见竹荪的珍贵。如果是工厂，那都会烘干，颜色反而比日晒的浅，柄的部分微黄，菌罩的部分淡黄，香气比较浓郁。如果采摘的时候就碰见了黄色菌罩的，那是另外一种竹荪，有毒吃不得的。

　　除了像我们做餐饮的，能够在季得到鲜竹荪，大城市里基本都是超市里买的干竹荪。用温水加盐浸泡，泡软即可洗净，之后再用温水泡至全发，一般需要两三个小时。如果长时间煲汤，竹荪都是最后放，大火烧开五六分钟就可以了，时间一长，鲜味反而散失，失掉了"草八珍"的妙处。

水土鲜蔬

紫苏长发

　　在洛杉矶工作的时候，结结实实地吃了7个月的西餐。我觉得一个人能在外地待得住与否，其实很大程度要看他是否适应当地的饮食。我最爱的当然还是中国菜，可是让我连续吃西餐，我也没有什么不适应。在洛杉矶和同事的两件趣事都和吃饭有关。一件是国内支持的大厨要回国了，我代表洛杉矶店请他吃饭。我还特别挑了一家意大利菜馆，吃到一半，他说还有东西想起来没收拾好，就先回店里了。我可舍不得吃了一半的萨拉米拼盘、海鲜饭和意大利乱炖，再说还有半瓶白葡萄酒呢。等我酒足饭饱，哼着小曲回到店里，发现大厨自己煮了一碗担担面在默默而开心地吃着，我的内心受到了暴击般的伤害。还有一件是我休息日起来做早餐，楼上的同事下来随口一问："你在做什么？"我说："饺子。"同事就差欢呼了："给我煮几个。"我说："好嘞。"等他迫不及待地放进嘴里，然后整个人就凝固住了，过了一会我听见他小心翼翼地问："这是饺子吗？"我说："是啊，意大利饺子，奶酪馅的。"然后，我的同事就不见了。剩了好多饺子，我一直吃到中午。我后来一直跟他强调：意大利饺子也是饺子啊。

　　其实，意大利菜里面有的东西真的是和川菜相通的，我始终认为意大利菜是最接近中国菜的西餐。四川人的老宅子，房前屋后往往都种着些藿香和紫苏。四川人烧鱼，快出锅时，喜欢撒藿香碎，而日常炒个黄瓜片啥的，也喜欢放紫苏碎。意大利菜里面有一道紫苏拌面，也是用紫苏叶子入馔。

　　紫苏拌面，淡黄色的面条，上面是碎碎的紫苏叶子，油醋香滑，让我食而不知肉味。抖散开来，仿佛有活力的小蛇般，颤动弹跳，表皮油滑，像极了女妖的长发，我就如同中了美杜莎的魔法，虽然不至于全身石化，却是不及言他，吃尽为快。

　　紫苏在中国等同野草，然而越是卑微的东西，越不要小瞧。珀尔修斯刺杀美杜莎，最终竟靠着美杜莎尸体内化出一匹神马而逃走，这古希腊的神话竟也有"杀身成仁"的意味，紫苏便也如此，带给人间另一片美食的世界。

　　机缘巧合，看到了日本的紫苏面条。可是我却很厌恶，因为是紫粉色的面条，看上去像面目可憎的虫尸。但日本的很多和菓子，却包裹了新鲜或者盐水渍过的紫苏叶，让和菓子不那么甜腻，也别添了特有的清香。我虽不喜日本的紫苏面，但是京都的志波渍却颇合我意。志波渍属于渍物，利用了紫苏叶来调味和调色，所以深紫色上罩着浓郁的紫苏叶的清香。配着日本冷面，吃起来真是人生的快事。至于为什么有的紫苏食品是紫色，有的却是叶绿色？经过探究，才知紫苏也分多种，绿紫苏用于面条、调味汁、砂锅料理和生鱼片的调香；红紫苏叶被用于梅干的染色及面条和制等方面。

　　中国的药典上记载：紫苏，性味甘辛、微温、有小毒。入肺、脾经。发汗散寒，温胃和中，止痛下气。主治风寒头痛，肢节疼痛，寒泻。气虚或汗多者少用之。

　　中国讲究药食同源，历史上紫苏入食并不鲜见。北魏贾思勰的《齐民要术》中记载有腊鸡、腊白肉、腊猪和腊鱼的制法。"腊鸡"是用整粒的咸豆豉，竖切的葱白、稍为烘过的干紫苏和不烘的生紫苏，以及宰杀干净的整鸡，一起放入锅内加水煮熟，然后把鸡和葱拿出，把汤汁中的紫苏叶和豆豉丢弃，让汤汁沉淀澄清，把鸡切成一寸左右的小块，放入碟中浇上热汤汁就是"腊鸡"了。

　　中国湖北等地流行的汉剧，有一出剧目叫作《紫苏传》，剧情大抵是瘟疫流行，民间郎中白术为救众位乡亲，不惜以身试病，可惜功亏一篑，临终要其妻紫苏解剖自己的尸体，以此验证新方。紫苏含悲忍泪，毅然剖尸，查明病因，解救黎民。但紫苏的离经叛道为当时世俗和礼法所不容。最终她为了探求医理、弘扬医德献出了宝贵的生命。紫苏和白术均是药名，医经记载：白术，为菊科植物白术的干燥根茎，健脾益气，燥湿利水。用于脾虚食少，腹胀泄泻，痰饮眩悸，水肿自汗。这一紫一白、一叶一茎，倒还真是绝配。

西塘的芡实糕

　　中国人爱水，是一种骨子里的继承。这个水和西方的不太一样，西方的文化里更爱的是大江大海大河，中国虽然也有长江黄河，视同母亲，然而却不是传统文人情怀歌颂的主要对象。中国的文化里，水是以柔克刚的水，至强但是至柔的水。所以中国人看见城市的一汪浅池、内陆的水巷纵横，都会有一种从心底生出的由衷向往。

　　水乡最知名的，不外乎江南——周庄、同里、角直、乌镇、西塘是也。各人有各好，我最喜欢的是西塘。西塘的桥千姿百态，水巷绵密，岸边檐廊婉转如清歌，其实其他水乡也大抵如此，然而总归感觉是不同的。

　　西塘有几个自己的小菜，虽然不如周庄万三蹄髈那般出名。然而有种点心，却是我百吃不腻的。西塘很多家在做，然而文山告诉我一家叫作"三方"的铺子最好。文山在西塘开客栈，我去看他，彼此都觉得沧海桑田，对人情世故都有所疏离，偏偏年轻时认识的朋友交情却是 10 年不见却未有一毫生分的。我便信他，他也是个世界各地到处游历的人，有的时候，美食在于你的心境，经历恰是其中难以学习的评价要素。

　　这种点心，是芡实糕。芡实糕，顾名思义，用芡实为原料做的。芡实是个挺奇怪的东西，其实我也没觉得它有什么特殊香气，可是就是爱吃。后来想想，也许是芡实有股难以描绘的"清气"吧。江南人自古水润，他们把芡实、茭白、莲藕、水芹、茨菰、荸荠、莼菜、菱角合起来叫作"水八仙"。

　　江南自古繁华富庶且多雅客，并不十分羡慕神仙，还不如腰缠十万贯，骑鹤下扬州。所以，江南人的做派和神仙差不多，吃东西也是清妙的。水八仙尤其如此，吃来吃去，总归是一团清气，化成无限妙而无言的鲜美。芡实在江南当然是直接吃的，到了北方离水太久，只能干磨成粉。其实北方人也熟悉的，我们做菜爱"勾芡"，勾的就是芡粉啊。

　　每年六七月间也恰是芡实开花的时候，八九月份芡实就成熟了。成熟的芡实不像莲花是一个莲台的模样，承载众生的苦，而是像一个鸡头，尖尖的喙，又布满了刺猬般的硬刺。所以，芡实又叫鸡头果、鸡头米。据明《本草纲目》

记载：芡实有"补中、益精气，开胃助气、止渴益肾"的功效，而到了清朝，芡实的食用更加广泛，《随息居饮食谱》载："芡实，鲜者盐水带壳煮，而剥食亦良，干者可为粉作糕，煮粥代粮。"芡实不仅仅是食中美味，也是一味良药。在中药房中，可以买到干的芡实，可惜已经碎裂，如打碎的红珊瑚珠，有着惑人心魄的妖艳。

"美人首饰王侯印，尽是沙中浪里来"，虽然剥芡实不像淘沙金那样辛苦，可是也绝不是易为之事。芡实的果实外包花萼，密生锐刺。唐朝无名氏的一首《鸡头》诗，曾经生动勾画出鸡头果的神形："湖浪参差叠寒玉，水仙晓展钵盘绿。淡黄根老栗皱圆，染青刺短金罂熟。紫罗小囊光紧蹙，一掬真珠藏胃腹。丛丛引觜傍莲洲，满川恐作天鸡哭。"要想取得"真珠"，不仅要戴厚手套，还要动刀子，才能剥出或青或黄或红皮的芡实来。嫩的芡实可以生食，齿颊生津，香芬满口。当然也可以熟制、煲汤、做菜、制糕。煲汤最宜老鸭。将老鸭膛内制净，塞满芡实久熬，其味道鲜美而甜润。鸭肉无腥气，而有芡实香，芡实更香甜，油润感更突出。做菜适合蜜渍。上好枣花蜜，略撒小半勺黄金桂花，将蒸熟的芡实腌渍一天，食之满口花香，却有芡实的清爽，就像妖娆丽人，偏生拿了书卷气来装饰，更胜过金钏玉环。制糕便选山药。芡实和山药共蒸熟为泥，以核桃粉和糯米粉和面制皮包之，香糯清雅，浑不似人间之物，倒带了广寒宫的清冽之气。我肠胃不好，往往不愿意吃药，吃几块芡实山药糕便舒服起来。

现今的芡实糕由芡实粉和糯米膨化粉精制而成，既可以一片一片大大咧咧地撕开不会掉渣，但也绝不会软糯没有风骨，是细腻中带着嚼劲。三方也卖八珍糕，据说这才是西塘最传统的糕点，芡实糕也是八珍糕改良而来。所谓八珍，就是8种中药材，山药、莲子、芡实、扁豆、砂仁、茯苓、米仁、白糖为粉，湿糊成长方形糕，再竖切长方形薄片即可。色泽是深灰色，粉质细腻，但和芡实糕口感不同，芡实糕是绵软，八珍糕是松脆，略有中药味，但总觉得没有芡实糕那么好吃。

天上人间折耳根

折耳根是云贵川都十分喜欢的食材，虽然各有各的味道，但是总归在季的时候，是餐桌上十分常见到几乎不可无此君的菜蔬。可是北方人对于折耳根的评价，往往是严重的两极化。一派提起来觉得口腔中唾液分泌，仿佛恨不得马上大快朵颐；一派说都不必说，只听到这个名字，就觉得咽干口苦头痛，恨不得远离十万八千里。所以我为什么想到"天上人间"这个词，就是因为折耳根是这样的特色鲜明，以至于有的人视为珍宝，而对有的人来说无异于毒药。

其实大部分没有吃过折耳根的人，头次品尝这种蔬菜，一定会感到可怕，就像我第一次尝这个菜一样。那时我还在云南，我很好的朋友每天要拌一碗折耳根，大快朵颐，我很不忿，便强挟一大口，只觉得一股浓烈的腥味，又不好意思露怯，强行咽下去之后，只觉得满嘴像嚼过烟叶子一样苦涩，从此以后，再不眼红，甚至可以说绝不看第二眼，觉得这种东西"此草只应天上有，为何偏偏在人间。"我后来到北京在一家川菜集团工作，为了显示"与民同化"，只好又强行吃了几次，谁承想，从难忍到接受再到热爱，竟来了一个180度转变，现在我是过了几天没有吃到折耳根就浑身难受，觉得人间没了它还真是不行。当我忍不住将它介绍给我的北方朋友后，他们初次品尝的表情和一番将吐未吐的难耐之后，以充满巨大怀疑的眼光觑定我，那意思是不仅怀疑这种"草"的出身大概也怀疑我的品味吧！

其实折耳根不仅是蔬菜，它也有自己的药效。一说它的另外一个名字"鱼腥草"，大家就知道了。以前患重感冒打针时"鱼腥草注射液"的那个鱼腥草就是折耳根，不过用四川话叫更有意思，谐音"猪鼻拱"。折耳根是多年生草本植物，整株都有鱼腥臭味。全草能清热解毒，利尿消肿，治疗扁桃体炎、肺脓疡、尿路感染等。

由于折耳根有宣肺、强壮气管的功效，保健效果很明显，北京人也开始食用。不过，什么东西都不要过量，过量食用折耳根，容易对肾脏造成损伤。折耳根的根和叶子都可以吃，根是白白的、带有小节的圆柱形草秆，可以凉拌，也可以和肉丝一起炒着吃。不过根的鱼腥味会更大一些，也要注意不要炒老，炒过的话，折耳根会变得绵软，缺乏质感。我更喜欢吃的是叶子，心形的叶子翠绿惹人喜爱，用红油一拌，脆爽辣口，别提多过瘾啦！也可以稍微复杂一点，做个拌四蔬——用胡萝卜、莴笋、芹菜切成均匀的细丝和折耳根一起盛在平盘里，上面铺好辣椒丁、姜末、葱丝、蒜茸，倒几粒豆豉，然后烧一勺略冒青烟的花生油，加几粒干花椒出香味后均匀地绕圈浇在蔬菜丝上，伴随着呲啦呲啦的声音，香气就出来了，先别慌，还要淋上山西的老陈醋，然后用筷子一拌就可以享用了，那味道真是，好像整个春天的鲜嫩都在你嘴里了。

乡土果冻——冰粉

我闺女特别爱吃果冻，我一边说她："果冻没什么营养，糖还多，又有不少人工香精、人工色素的添加剂，你少吃点。"一边还得时不时买几个讨好她。我刚到北京的那几年，单位有个同事也特别爱吃果冻，一天到晚，看见她的时候，手里总是拿着一个。我笑她像个小女孩，她总是笑嘻嘻地说："没办法啊，我喜欢吃。"说得多了，她就夸张地举起小拳头："怎么着，我们家祖传三代都是做果冻的……"

我不爱吃果冻，因为我觉得果冻不就是蒟蒻么，完全没有什么营养，要是什么都不加的话，倒是可以减肥——又饱腹又基本没有热量。可是，人们往往会自我标准不统一，同样本身没有什么味道的冰粉，我却爱吃，觉得它就是乡土果冻嘛。

冰粉是冰粉籽做的食品。冰粉籽是长在一种草上面的种子，这种草在四川、云南等地是很常见的，在田埂上可以长到半人高。它开蓝紫色的小花，虽然不像薰衣草那么浓艳也没有那么香气迷人，可是等花谢了，花托膨大，里面会长出比芝麻还小的绿色种子。把这些小家伙收集起来，等到晒干了，就换上一身古铜色的皮肤，这就是可以做冰粉的冰粉籽了。做冰粉还需要另外一样东西，就是石灰。把石灰充分地运用到食物制作之中，对此中国人大概已经发挥得随心所欲。不过我的朋友喝液体钙的时候，总会一边吃一边皱着眉头说："好像吃墙似的"，这时我就想，你还不如天天吃碗冰粉呢。

做冰粉的过程，有种魔幻的感觉——把冰粉籽包在纱布里，打一盆凉井水（自来水也可以，但是不能用凉开水，我也不知道为什么，反正用了凉开水就做不成）浸润了，然后使劲用双手搓，慢慢的你会看见一团团絮状的东西在水里飘散开来。等到什么东西也搓不出来了，就把调好的石灰水倒入盆里，不用太多，可以试着倒，然后搅拌一下，等一会，就会看见凝成的透明的结块。等到全部凝成了，冰粉的主料也就做好了。

冰粉本身没有什么味道，可是它的质感真是非常诱人。它不像果冻那么硬挺，而是颤颤巍巍的，好像一碰就要散开，可是又有一些弹性，像是水快要变成固体的状态。透明的仿佛水晶，可是内部又有层次。在四川，一般就是浇上红糖汁，喜欢更冷的，还可以洒上碎冰。小女孩们有时候也会倒上牛奶或者椰浆，然后拌上红红的西瓜丁、莹白的梨子丁。再讲究些的，会加上滋阴的枸杞子，撒上补锌的黑芝麻，一碗粉妆玉裹、娇娆万分的冰粉糖水就横空出世了。在云南，因为人们喜欢食用鲜花，就有一样特殊的调味料了——玫瑰糖。用新鲜的玫瑰花瓣，拿泉水洗干净了，一层花瓣一层白砂糖，压得紧密结实，在小瓷罐子里，放上一段时间，就会成为花、糖一体的甜酱，拌在冰粉里，浓浓的玫瑰芳香，据说我的朋友，就是用这几块钱散发着玫瑰香气的冰粉把女朋友"骗"到手了！

在大理古城，经常在大青树下还有冰粉摊子，真的是把冰粉这种食品发挥到极致了。一个玻璃柜子里，放着煮好、糖卤过的绿豆、红豆、薏米、小菱角、核桃、芝麻、花生、莲子、樱桃、红枣、各色果脯……这些都是拌冰粉的小料，随客人喜好添加。吃上这样的一碗冰粉，入口有冰粉的滑、花生的脆、芝麻的香、莲子的清甜、樱桃的娇美、绿豆的清凉与绵沙，然后这种种美妙的滋味随着冰水的清凉直入肺腑，然后又散入四肢百骸，这时候你就会很牛地说一句话："哼，果冻算什么！"

额外说一句，大理有的时候叫冰粉为"木瓜水"，据说是因为用酸木瓜浆子也可以点出来冰粉。大理人也喜欢在冰粉里加入"凉虾"——一种用大米制浆煮熟，用漏勺漏入凉水盆中而成的小食，因头大尾细形似虾，故此得名。大理话发音更似"冰粉良宵"，夏夜良宵，一碗冰粉，伴着玫瑰花香，别有一番诗情画意。

姜柄瓜和瓜花

大凡爱一个人，便恨不能含在嘴里、捧在手上，然而含在嘴里怕化了，捧在手上怕摔了。最保险的，是吃到肚子里。吃还不能剩下什么，剩下点胳膊腿儿的说明你爱得不深，我看《西游记》里那些妖怪要吃唐僧，大概是连渣都不会剩的，剩了就说明唐僧不值钱了。

我就是把这种爱博大化了，所谓"博爱"。但是主要针对食物。食物里我博爱的最彻底的是南瓜。为什么这么说呢？因为南瓜一家子都让我琢磨着吃了，真正的一点没剩。

先说小的时候。那时候，南瓜还是南瓜子，我就把它炒了吃，如果小孩肠胃不好，有虫子什么的，就生吃，效果好得很。偶尔有漏网之子，在地里长到出现嫩茎的时候，我又出现了。所以，这样的个别漏网实在是有意为之。

南瓜的嫩茎叫什么呢？叫南瓜尖。南瓜尖上有蜷曲的细丝，还有带有茸毛的小叶子，可以切成小段大火少油快炒，临出锅再撒上大蒜茸，瓜尖翠绿爽嫩，蒜香扑鼻，还清淡不长肉儿。也可以烧汤吃，就追求"炣"（音pā），南瓜尖要软糯，可是汤也是一样的清爽。

等着瓜尖吃差不多了，南瓜要开花了。南瓜花其实不难看，黄黄的一大朵，挺招人喜欢的。那怎么办呢？接着吃。怎么吃呢？对付它的方法可多了。可以把瓜花炒着吃，别有一股鲜味儿；也可以把瓜花用水焯一下，等它软了，用细细的猪肉糜子和了姜茸，做成小猪肉丸子，包在瓜花里，上锅蒸熟了吃；还可以来个更绝的，把瓜花里面一样包了肉馅，外面用芭蕉叶子裹起来，一小块一小块夹在火堆上烤着吃，融合了芭蕉的清香就更好吃了。

瓜花吃过了，小青南瓜该上市了。中国人都爱吃小的——猪要吃乳猪、鸡要吃仔鸡，所以，南瓜要吃小青南瓜。别管逻辑，重要的是把小青南瓜切成块，用上好的苕粉，加上猪肉块，加些鸡汤一起烩了吃。别看做法挺粗糙，青南瓜可是带来一顿大自然的气息，我就把它叫作"大自然一锅烩"。

小青南瓜年纪大了，就变成了老南瓜。老南瓜就更受我欢迎了。切成块，可以放在米饭上一起蒸熟了吃，预防糖尿病，又有甜味；可以放在米粥里一起煮了吃，遇上一个又面又甜的，真是一大快事；还可以和百合一起蒸了，切点荸荠丁和梨丁，又止咳又润肺的药膳甜品啊；也能把南瓜煮软，煮的汤和面，南瓜打成泥做馅，包成南瓜馅的小饼，煎了吃、炸了吃、烤了吃；最不济的也能把南瓜瓢子掏空了，做个容器，装什么乳鸽吞鱼翅之类的，我倒是觉得南瓜比鱼翅还好吃些。可惜在北京的时候，老南瓜反而少，菜市场上基本都是小倭瓜，它们也来侵略了。不过这几年云南本土的南瓜品种大行其道，就是姜柄瓜。姜柄瓜个头不大，通体绿色，瓜形扁圆，下部为锅底形，既像南瓜又像压扁的佛手瓜，品质极佳，面甜适中，嫩瓜煮食炒食均好，加上云腿片一起，味道更加美妙。

　　这不说到老南瓜了嘛，老南瓜不就有南瓜子了嘛。得了，从头接着吃。人家愚公移山是"子子孙孙无穷匮焉"，这南瓜让我吃的也是循环往复。您说，我能不爱南瓜吗？

徽有苔

我的母亲是安徽人，不过她从小在南京长大，后来也便极少回安徽，因此我也就没有去过。不过安徽在我的心里一直是个钟灵毓秀的地方，虽然古之徽州和今之安徽的疆域并不完全相吻合，但是安徽承徽州余韵，想明清时期徽商也是十大商帮之一，这种沉淀下来的东西是不会一下子磨灭的。我曾经的梦想就是在水阳江边、杏花村里、黛瓦白墙的小居，看着夕阳透过马蹄墙照在芭蕉树上，用竹林里新集的露水泡着一碗黄山云雾，茶香氤氲，不知尘世变迁。

随着年龄越来越大，人也越来越现实。年轻时出世的梦想、独立清流的幻梦已经远去，不过现实中的香气却始终如一。我想这其中，如果说到属于安徽的香气，大概主要来自于苔菜。

苔菜是我很爱吃的一种蔬菜，而且经常怀念它的香气。不过这种菜仿佛不太常见，知道的人也不多。后来我才知道它也叫贡菜，是从乾隆年间开始进贡皇帝的。

苔菜大概是世界上最早的脱水蔬菜了，有关苔菜栽培的记载最早见于秦朝，至今已经有 2 200 多年了。其实爱吃苔菜的人还是很多的，比如老子他老人家，还有张良，据说他除了从黄石公手里取得"天书"，还得到了真人赐的苔菜，治好了他的中气不足之症。当然这些事情具体已经不可考，不过我很钦佩的另一位伟人周恩来总理倒也很爱吃苔菜，而且因为吃苔菜时清脆有声，还把苔菜形象地称为"响菜"。

苔菜是安徽产的秋苔菜茎除叶去皮切开而成，但是根部一端仍相连，便于搭晒。苔片大部分水分蒸发后，萎蔫成很有韧性的绿色蔬菜细条，就可以扎把上市出售，就是我们看到的苔菜了。

《本草纲目》记载，苔干具有健胃、利水、清热解毒、抑制肥胖、降压、软化血管等功能。常食则延年益寿。而在现代，经国家副食品监测中心检验，苔干含有营养丰富的蛋白质、果胶及多种氨基酸、维生素和人体必需的钙、铁、锌、胡萝卜素、钾、钠、磷等多种微量元素及碳水化合物，特别是维生素 E 含量较高，故有"天然保健品，植物营养素"之美称。

苔菜的食用方法通常是凉拌。用冷水泡发苔菜，大概需要一小时就可以了，有的时候时间紧用温水泡，半小时就发开了，可是脆嫩程度就不如冷水泡得好。然后把苔菜切成寸把小段，加上老陈醋、盐和蒜茸，拌好后淋上几滴香油，就做得了，不用放什么其他复杂的调味品。但是吃起来鲜脆无比，韧性又很好，满嘴都是清香气，还有一种吃海蜇皮的感觉。所以我的香港朋友们也知道苔菜，不过他们叫作"香菜"。

苔菜也可以和肉烧着吃，或者用来炒豆芽。炒豆芽的时候最好放些香干丝，我觉得苔菜和豆制品很搭配，有鲜爽的鸡肉味道。一些火锅店里有涮苔菜，我试了一下，口感还是没变，可是往往辣椒夺了苔菜的鲜味，我觉得很难吃出苔菜的妙处来。

传说古时瘟疫降临时，苔菜曾经被老子用来救治病患，有药到病除的神效，这当然是个美好的传说。可是我倒是觉得苔菜里真有那么一股清气萦绕，就是不知道是不是老子得道而去时特意留下的？不过这股气更像是剑气，如同久不联系的朋友突然发来问候的短信，脸上还没来得及堆起笑容，就被这突如其来的一剑划破护体的面纱，那是从内心里升起的喜悦啊，偶尔为之，心有窃喜。

没有泡菜的四川是不完美的

一说川菜，因为是太接地气的菜系，每个人都有每个人的最爱。鱼香肉丝、东坡肘子、宫保鸡丁、鸡豆花堪称经典中的经典；肥肠粉、酸辣粉、担担面、龙抄手是小吃中避无可避的一种怀念。所以，你问别人爱吃四川的什么美食，千人必有千个答案，唯独有一样，只要一提，大家还是异口同声地认可，那就是四川泡菜。

我有一哥们，是四川人，有次在四川，我和他一起去菜市场买菜，他妈妈要给我们做饭吃，顺便叫他挑个泡菜坛子。我小时候见过泡菜坛子，就是一大肚陶制坛子，只不过口沿上伸出一圈，然后口上先有一个平板的小圆盖子，再有一个倒扣着的碗形状的盖子。四川的泡菜坛子也这样，没啥特殊，然而我这哥们挑坛子的"绝活"把我震住了。

我记得小时候跟我妈去买泡菜坛子，好像没什么特别的挑头，就是看看漏不漏、有没有裂，我这哥们也是先摸摸坛子，然后敲敲坛壁，听着声音也还清脆，我就打算拉着他付钱走了。结果，人家还是站着，从兜里"嗖"的一声掏出一张纸，打火机点着了往坛子里一扔，然后马上盖上盖子，沿边沿倒一圈水，看着水嗞嗞地吸进坛壁里，他才满意的付钱了。结果他走了，我没动地方，还在那想呢，这坛子挑得真有范儿！哥们说这样证明坛子密封性好，要是密封不好，泡菜容易坏。泡菜坛子两层盖子的设计和泡菜时要加水在圈沿上，都是为了加强密封。他还告诉我一件事我也挺震惊的，他说以前还不用内盖子，是要棉布包着沙子成为一个小拳头样的盖在坛子口上。我还问了几遍："是沙子么？是地上那个沙子么？那没有细菌么？"这哥们儿说："哪来那么多细菌，反正就是用沙子！"我觉得这也是四川人乐观精神的体现之一。

四川泡菜好吃，我觉得除了口感上的原因外，还在于它的兼容并蓄。在四川，真的什么都可以泡啊，比如白红萝卜、黄瓜、佛手瓜、棒棒青、莴笋、仔姜、红辣椒、豇豆，等等，不过像黄瓜、莴笋这类比较嫩、水分大的，往往泡一两天就可以了，四川人叫"跳水泡菜"。而像豇豆类的，比较难泡，就泡得时间长一些，甚至可以长时间泡在坛子里不捞出来。

泡菜怕坏，所以泡泡菜有几点要特别注意：一是泡菜用水必须干净，一般都用放凉的白开水；二是一定沾不得油，只要有油，泡菜必坏；三是泡菜放置温度不能太高，四川一般都是冬天大规模地做泡菜，夏天就做得少。

如果泡菜水变得特别黏糊了，那一般就是坏了，没什么办法拯救。如果只是表层发了白花，水体还比较清，我记得我们家都是把白花捞出扔掉，再往坛子里加点高度白酒，而且必须是高粱酿的白酒，一般问题不大，泡菜水可以起死回生，而且味道更佳。我这哥们说，加了白酒容易让泡菜不够爽脆，他们四川一般都是多加花椒，不影响质感，口感反而更好。

四川泡菜还有一个让我觉得神奇的地方，就是泡菜居然可以泡荤的！我们都是泡点蔬菜，顶多泡点苹果片、梨片，为了提味，人家四川泡菜还可以泡鸡爪子、猪耳朵！而且还特别好吃，不仅不油腻，味道也十分清爽绵长。

后来我在著名的川菜餐厅"眉州东坡"吃过一道老坛子泡菜配香煎多宝鱼的菜，

选用多宝鱼柳精心煎制，加上秘制勃艮第沙司，创造出中西合璧、鲜香极爽的感觉。但这还远远不够，锦上添花的是老坛泡菜丁，四川千年沉淀的美味，和勃艮第沙司碰撞出无法言表的味道。他们怎么想到这样一道给人惊喜的菜品的？当我在眉州东坡的泡菜车间看到几百个半人高的泡菜坛子的时候，这个问题迎刃而解了。

海菜花在海菜腔里永恒

在云南的城市里，我最喜欢的是大理和腾冲。腾冲虽然偏一点，可是当我在和顺古镇闲逛时，发现老年人基本都在村子里的图书馆写字看报，还有浏览互联网学习的，我觉得它一定比到处听见打麻将声音的地方有过去的情致、未来的能量。而大理被苍山、洱海怀抱，古城和新城相隔 14 公里，古城里有不少商铺、民宿，也有很多外地人，但是它依然是活着的，你在古城里可以理发、买菜、逛超市、转博物馆、买花……有不少的当地人在古城里生活。同样知名度很高的丽江不具备这些。丽江古城里只有商铺和民宿，商铺卖的东西同样让人惊奇：非洲手鼓、英式调配茶、珍珠奶茶，而你想要买菜、理发……对不起，去古城外，因为古城不是用来生活的，它是一个装修成古城的大酒吧，被宣传成艳遇之都，由内堕落而腐坏到无以修复。

大理幸好还有洱海。洱海的干净应该是像保护眼睛那般重要的。洱海里有一种"环保菜"，是洱海水质的守护精灵。当洱海的水质清澈干净时，它们就像美丽的精灵，顶着白色的花冠，摆动着绿色的身体随着水波荡漾；当洱海的水质变差时，它们就慢慢消失，直至销声匿迹。它们就是——"海菜花"。

海菜花是中国特有的沉水植物，在广西、贵州等省的高原湖泊中都有，但是在云南最成气候，可以形成植物群落，海菜花的长度可以达到三四米，蔚为壮观。云南也在很早的时候就发现了海菜花的食用价值。海菜花的口感是十分黏滑的，却又碧绿喜人，和一般蔬菜完全不同的质感，加上清鲜灵动的味道，是大理常见但也是十分独特的鲜蔬。

　　海菜花最常见的吃法是烧汤，而烧汤中最常见的是和芋头搭配。也不用多么复杂，就是清水加上掰成小段的海菜花和切成小丁的芋头，一起煮到海菜花软滑、芋头丁表层绵软就可以了，加上一勺熟油，撒点盐花，就可以喝了。喝到嘴里是满满的清鲜，带着氤氲之气向周身盘旋。海菜花也可以炒来吃，素炒即可，加了肉反而夺了味，就好像明明是民间的东西非要把它学院化，反而不伦不类，不如原生态看着那么顺眼。

　　海菜花在云南不止大理洱海才有，在滇南的异龙湖里也有。异龙湖是云南省八大高原淡水湖泊之一，湖面十分广博，占地面积90多平方公里，最为出名的是满湖荷花，每当荷花盛开季节，真的是荷香四溢，香远益清，有"第二西湖"之称。早年的异龙湖真的是如仙境一般，如果和渔家借一叶扁舟，从空明的湖水上划过，湖山一览，如镜在心，清风拂面，空色交征。正凝心处，却忽闻声声渔歌，惊醒时看见天边已现一抹彩霞，湖边村落隐现，炊烟已起。这紧挨着异龙湖的县城就是石屏。

石屏和异龙湖是天生相依相偎的，石屏因为异龙湖的涵养而具有了灵性，而异龙湖的得名却又来源于石屏。异龙湖中有三岛，唐朝时，乌麽蛮（彝族的先祖部落之一）在岛上筑城，名末束城，是为石屏筑城之始。宋时岛上亦筑城。此二城四周环水，故以其岛大小，名大水城、小水城。彝语"水城"的发音叫"异椤"，明初汉人到石屏，不解彝语，误以为"异椤"是湖的名称，还把"椤"谐音为汉人喜欢崇拜的"龙"，于是就有了"异龙湖"。

异龙湖的污染曾经十分严重，严重到湖里的海菜花全部死亡，后来引水冲湖，海菜花才慢慢恢复了生机，但是仍然数量有限。不幸中的万幸，作为彝族宝贵的文化遗产之一的"海菜腔"却万幸地存活下来。

海菜腔是彝族传统的歌曲形式，我第一次听到的时候，简直可以用震惊来形容——真的是太好听了啊。你说它原生态，那是真的原汁原味的高原仙乐，可是又那么有技巧，高音和低音、真声和假声，在不留痕迹的转换中塑造了令人如痴如醉的完美。海菜腔之所以用海菜花来命名，是因为它像海菜花一样纯净、不容玷污，也因为它的声腔婉转流畅，像极了随波浮动的海菜花。

假如你以后有机会去石屏，除了品尝美味的海菜花，在异龙湖畔，也可以听听那人间难得几回闻的海菜腔，我相信，就在那一瞬间，你心中的花也会全部开放。

破布子，古早味

昭英告诉我"破布子"这种树"古早"就有了。很容易长，贫瘠干旱的山坡地上都能长。以前的做食人就在田边随手种几棵。它结一种淡金黄色的浆果，也叫"破布子"。不到指尖大小，果皮包着一层薄薄的浆水，算是果肉，剩下的就是它的子了。虽然果肉少，吃起来觉得费事，但是它有着"老台湾"的痕迹和故事。农家人大大小小平日各有分内的工作。大人上山的上山，下地的下地。小孩就帮忙看牛，卖番薯。只有暴风天或者下雨天不能下田的时候，一家大小才能聚在屋子里。这时候，勤快的农家爸爸就去砍一些破布子枝子回来，全家人一起做破布子酱。小孩把破布子一个一个从树干上拈下来。农家妈妈就烧好水，煮破布子。屋外哗哗下着大雨，一家大小在屋子里烧水忙碌胼手胝足地工作，是以前台湾农家人窝心甜蜜的记忆之一。

"破布子"闽南语早先就叫"破子"，又叫"树子"。这么简单不计名分。好像是一棵树自报姓名，说："各位，我是一棵树。我的名字就叫'树'。"仅此而已。

这是台湾作家明凤英的文章《破布子的夏天》里的一段话。当我读到这段话的时候，我手里正拿着金姐从台湾带来的一罐产自嘉义的树子端详。金姐是我们原来做物流系统时候认识的台湾专家，对人是慈爱的，也很开朗搞笑。经常和我说："我知道100种减肥的方法，可是效果，你看看我的身材就知道了。"然后我们两个胖子都笑得前仰后合。

其实以前我也吃过用破布子做的菜，在一家叫作"欣叶"的台湾餐厅。当时是一道破布子蒸鱼，我一下子就喜欢上了它的味道。

我喜欢吃破布子，原因有二：一是喜欢它那说不出来的滋味，尤其是带汁的破布子，要么用了姜、糖来煮，要么用淡酱油来煮，微酸之中带着酱油等特有的鲜甜，回味都甚佳；二是我的体质特别容易累积"热毒"，夏季尤甚，而破布子，是解火圣品，也可以化痰。

破布子直接吃也好，做菜也很方便容易。最简单的是用来蒸鱼。我去超市选了一条已经开膛破肚弄好的武昌鱼，扁而薄，剖了刀，用水反复浸泡几遍，去了体内剩余的血水，再用面纸吸干鱼身水分。用破布子的原汁浸泡鱼肉两小时，然后把鱼膛里塞满破布子粒，上锅蒸十几分钟，鱼眼突出发白即成。想想我们的先祖，大概也是如此整治食品，既是一种搭配，又能保留食材本身的味道。所以台湾才会把保留传统味道称为"古早味"，也是很形象的说法呢。

破布子的料理其实品种很多，而且可以跨界。破布子可以炒鸡蛋，可以蒸豆腐，也可以炒苦瓜等青菜，居然还可以和豆沙拌在一起蒸豆包！这百无禁忌的食材，也许也是暗合了我们中国的先人们包容而恬淡的内心世界，才会在不同的食物系列里如此得游刃有余。我和金姐很久没有联系了，她儿子Albert也是位虔诚的藏传佛教徒，在北京大学读考古系，一路本科、研究生的读上来。偶尔能从Albert的微信朋友圈里看到一些金姐的消息。听说她现在依然衣食无忧，一直在圣严法师的道场里做义工，平静而安乐。其实胖子大都是因为心宽，愿金姐把这种快乐也带给她所帮助的人们。

嗯，这样，真好。

一包冰糖吊梨膏

北京的雾霾治理得不错，但也不是那么容易杜绝的，遇到有霾的日子，总要翻出口罩戴上。后来问了问亲戚朋友，基本上都有霾了，中国除了西藏和云南，陷入了"十面霾伏"之中。各路专家都出来发表了一下见解，主要围绕着口罩，这 PM2.5 到底用什么去阻挡。我买了 3M 的、电动风扇的、精油分解的各种原理的口罩，后来一位很知名的专家出来说了一下：这是谁都跑不了的，不从根子上解除雾霾，买什么口罩都意义不大。

人还是得有希望，我的惯性思维是，先看看能吃点什么，这就想起了梨膏糖。传说梨膏糖是唐朝有名的贤相魏征发明。魏征的母亲多年患咳嗽气喘病，魏征四处求医，但无甚效果。后来这事让唐太宗李世民知道了，即派御医前往诊病。御医仔细地望、闻、问、切后，开方抓药，例如川贝、杏仁、陈皮等皆是理气宣肺的对症之药。可这位老夫人却十分怕苦，拒绝服用中药汤，魏征也没了办法。偶然一次，老夫人想吃梨，可是年老齿衰，连梨都嚼不动了。一个是不想吃的中药汤，一个是想吃但是嚼不动的梨，魏征一合计，干脆用梨汁、中药汤掺在一起，可是不仅稀汤挂水的，还特别麻烦，而且谁也没肚量一下子喝那么多汤汤水水啊？得把汤水浓缩。用蜂蜜和冰糖把汤水收浓，最后凝成糖块。这糖块酥酥的，一入口即自化，又香又甜，还有清凉的香味，老夫人很喜欢吃。结果最终靠这个糖块治好了老夫人的病。

传说归传说，但是大体上梨膏糖是以雪梨或白鸭梨和中草药为主要原料，添加冰糖、橘红粉、香檬粉等熬制而成，故也称"百草梨膏糖"，主治咳嗽多痰和气管炎、哮喘等症。

梨膏糖南方很多地区都有，还是略有不同。安徽的梨膏糖有熟地、满山红和肉桂等药材，其他地区的梨膏糖里不多见，而且也是组方比较庞大的，有50多种药材。上海梨膏糖的方子比较小，只有十几味中药，但疗效也不错，花式比较多，甚至还有虾米味的梨膏糖。苏州的梨膏糖不够那么晶莹，味道也相对来说较苦，可是见效最快。

卖梨膏糖自古有"三分卖糖，七分卖唱"一说，你的梨膏糖再好，但你不会叫卖是不行的，而且这种叫卖是用一种曲艺打趣的方式唱出来，逐渐形成了"小热昏"这种马路说唱艺术。我们就在苏州地区一首《梨膏糖》小热昏中结尾吧：

小小凤琴四角方，初到你们贵地拜拜光
一拜宾朋和好友，二拜先生和同行
梁山上一百单八将，百草膏里一百零八样
有肉桂来有良姜，温中和胃赶寒凉
打鱼的吃了我的梨膏糖，捕得鱼儿装满舱
砍柴的吃了梨膏糖，上山砍柴打到獐狼
种田的吃了我的梨膏糖，遍地的庄稼多兴旺
稻子长得比人高，玉米结得尺把长
读书人吃了梨膏糖，有了科学文化把北京上
科技钻研出成果，为建设祖国贡献力量
大胖子吃了梨膏糖，血脂血压降到正常
体重称称有一百二，无忧无虑精神爽
哎嗨哟，无忧无虑精神爽
小瘦子吃了我的梨膏糖，三餐茶饭胃口香
以前做裤子要六尺布，现在做条裤子要一丈
哎嗨哟，做条裤子要一丈
男人家吃了我的梨膏糖，又当干部又把家务忙
大嫂子吃了梨膏糖，养个儿子白又胖
哎嗨哟，儿子长得白又胖
小伙子吃了我的梨膏糖，找个对象真漂亮

小两口日子过得好，一叠一叠钞票存银行
哎嗨哟，一叠一叠钞票存银行
小伢子吃了我的梨膏糖，聪明伶俐又说会唱
睡觉甜来吃饭香，从小至今他不尿炕
哎嗨哟，从小至今他不尿炕
老头子吃了我的梨膏糖，脱掉的牙齿又重新长
老奶奶说儿子他不在家，老头哉你要识识相
哎嗨哟，老头哉你要识识相
老奶奶吃了我的梨膏糖，容光焕发精神爽
儿子媳妇把班上，带好孙孙小儿郎
哎嗨哟，带好孙孙小儿郎
秃子吃了我的梨膏糖，一夜头发长得乌杠杠
哑巴吃了梨膏糖，放开喉咙把大戏唱
哎嗨哟，放开喉咙把大戏唱
瞎子吃了我的梨膏糖，睁开眼睛搓麻将
聋子吃了梨膏糖，戏院子里面听二簧
哎嗨哟，戏院子里面听二簧
麻子吃了我的梨膏糖，坑坑洼洼就光堂堂
驼子吃了梨膏糖，冤枉的包袱撂下江
哎嗨哟，冤枉的包袱撂下江
瘸子吃了我的梨膏糖，丢掉拐杖跑赛场
瘫巴子吃了梨膏糖，走路一蹦有八丈
哎嗨哟，走路一蹦有八丈
梨膏糖倘若能治病，又何必找医生开处方
只不过是一段荒唐笑话，茶余饭后消遣欣赏
哎嗨哟，茶余饭后消遣欣赏。

广东凉茶

我是湿热体质，最爱上火，又不爱吃下火药，后来发现了广东凉茶，基本上夏天就离不开了。

我觉得广东人更容易上火，因为他们的汤汤水水补得太猛了。广东人很在乎一个"猛"字，海鲜务必生猛；炒菜务必猛火，才有说不清道不明的"镬气"；煲汤必须先猛火，才能把原料的味道逼出来，然后至少熬足两个钟，才算比较能入口。我其实倒是比较享受广州的汤水，每次去广州和好朋友吃饭，他都会给我弄点五指毛桃炖鸡汤、菜干猪肺汤、龙眼香菇鸡汤、花旗参肉汁汤之类的，我都喝的好开心。不过，我发现我不仅没有广东人那么强大的肾（因为他们喝滋补汤是一贯的、明确的、持续的），而且我还没有他们那么耐热的胃。在广州住了不到一周，我上火了。

可是在广州，你要不出去吃好吃的，那是很可耻的。我弟李昀澄有一天约我去逛上下九，先是吃了陈添记的凉拌鱼皮，后来中午饭吃鳄鱼肉，又吃芋头丝，反正没怎么吃绿叶子菜，我觉得我要压不住火了。他决定带我去降火。第一个法子属于"物理降温"范畴——你不是胃里有火么，我让你胃里有冰，就降火了。他先带我去顺记冰室，吃榴莲雪糕。这冷热相激会更不好吧？所以我有点食欲不振。然后他决定给我"化学降温"——使用凉性食物降火。对，他们把北方的上火叫作"有热气"。这个热气怎么降呢？他拖着我往前走，来到黄振龙凉茶摊。我知道的凉茶其实只有王老吉和和其正。王老吉几年前味道特别浓，这几年淡的和水一样。和其正基本没喝过，我就不好评价了。朋友说，你这样子，不行，必须下猛药，我们有黄振龙，更重要的，我们黄振龙还有癍痧凉茶。听起来很对症啊，"癍痧"是指内脏热毒，经脉受阻，热毒通过皮肤散发外出，使皮肤出现红疹等症状，大块为癍，细红为痧，合为"癍痧"。虽然我还没有出癍痧，可是原理是对的啊。

我的个天！我以为凉茶都是带点甜的，都是很好喝的，都是可以下咽的，结果，不要太早下结论，癍痧凉茶，我命里的克星出现了。草药大师黄振龙师父，我对你的景仰如滔滔江水连绵不绝，这一口斑痧凉茶下去，我的冤情比海深，我的仇恨比山高，真的是苦死人啊。我弟说，这个好了，喝下去相当于刮痧排毒，消暑散热，开胃消滞……我那会顾不上翻他白眼，心想："这么好的疗效，干吗你喝竹蔗茅根水？"其实黄振龙凉茶铺有很多品种的，比如罗汉果五花茶、雪梨菊花茶、酸梅汤什么的。

但是话说回来，也正是黄振龙凉茶让我认识到，凉茶真的不仅仅是一种饮料。第二天我就精神抖擞了，不过看到朋友又安排了桂圆龙骨汤、虫草花炖鸡脚、霸王花炖大骨、三七花炖竹丝鸡、石斛炖瘦肉……我立刻去楼下最近的黄振龙买了一瓶外带凉茶，然后方才觉得底气十足。

我爱烧仙草

我在饮食里有很多固执的癖好，这些喜好都以"我爱……"直白和泼辣辣地表达出来，比如我爱蔓越莓，我爱曼特宁，我爱苔菜，还比如我爱烧仙草。

大概是身体属于阳热体质，又偏胖，故而容易上火，我总是喜欢寒性的食物，夏天的凉茶、龟苓膏、苦丁茶都是我的爱物，更爱的是烧仙草。我女儿也爱上火，她更喜欢龟苓膏，或者说，她还没太分得清龟苓膏和烧仙草。然而年纪日长，我体内热性渐少，加上转向素食，我已经不吃龟苓膏了。龟苓膏，顾名思义，有龟有苓。龟是鹰嘴龟，苓是土茯苓。鹰嘴龟是名贵的中药，做龟苓膏用的是腹板和背甲，烧煮成汤，可清热解毒；土茯苓则可去湿。除这两种主药外，再配以生地、蒲公英、金银花等来加强药效。主要是在沿海诸地食用，用来清热去湿，止瘙痒，去暗疮，因而倍受人们喜爱。龟苓膏和烧仙草虽然都是黑乎乎的，但是龟苓膏弹性要大一些，也较为透明。

烧仙草在江西、广西等地方也叫黑凉粉，主料就是仙草干。新鲜的仙草是卵圆形或唇形的绿叶子，边缘有锯齿，看不出来什么仙风道骨，等到变成仙草干，就是细细的枯紫色的茎干，仿佛连喂马都不配。而在《本草纲目拾遗》这本以五行分组、带有几不可信的仙气之书中，仙草是这样被记载的："一名凉粉草，出广中。茎叶秀丽，香犹藿檀，以汁和米粉食之止饥。山人种之连亩，当暑售之……

夏取其汁和羹，其坚成冰，出惠州府。疗饥泽颜。"（卷四草部中，篇名《仙人冻》）
这里的仙草倒确实有了疗饥泽颜的慈悲光辉。

我爱烧仙草，纯粹是因为它那特殊的草香味道。把仙草干在水里煮到黑浓，
用苏打水一激，就会成为像果冻般的结块，带有微苦的香气，可以加上几颗金丝
小枣、芋圆，撒把红豆，煮到红豆绵软时，就一起捞出盛在碗里，热腾腾的烧仙
草就做好了。仙草的苦香弹滑、红豆的绵软、小枣的甜美、芋圆的滑糯都融合在
一起交替呈现，真的有如仙人珍馐。烧仙草也可以吃凉的，我喜欢把冰镇后的仙
草块加了枣花蜜，撒点煮好的红豆粒，挤半个青柠檬的汁水一起吃下，凉爽宜人，
酸、甜、苦和凉、滑、软混在一起，足可以抵御夏日炎热。

烧仙草，不是生在南极灵山上的紫芝，也不是种在昆仑瑶池的蟠桃，还不是
凝在离恨天外的绛珠，更不是万寿山五庄观的草还丹，但是更贴近凡间，在我的
心中，它真的是我离不开的仙草。

洪雅苦笋

每年五六月份，洪雅的苦笋就大量上市了。

一般食用的笋子，其实都有一点涩和麻，春笋尤甚。这个一般指的是毛竹笋、
淡竹笋、麻竹笋、慈竹笋……这些笋，苦笋顾名思义是苦竹的幼茎。

早在900年前，"宁可食无肉，不可居无竹"的宋代文豪、眉山老乡苏东坡，
在远离家乡多年后，仍念念不忘母亲河里细嫩的雅鱼，两岸满山遍野鲜美的苦笋，
其产量之丰盛，价格之便宜，到了青衣江畔随处可品尝而"不论钱"的境地，苏
东坡在给侄儿的诗中写出脍炙人口的"遥忆青衣江畔路，白鱼紫笋不论钱"诗句。
白鱼乃青衣江特产之雅鱼，紫笋就是洪雅一带产的苦笋，因笋壳呈棕紫色得名。
当然时至今日，苦笋已经很金贵了，甚至细嫩一些的，有钱你也不一定吃得到。

我工作的集团下属的眉州东坡酒楼，最喜欢发掘四川特有的味道，沾这个光，
我不仅到了苦笋的生长地，也尝到了各种做法的苦笋菜。这苦笋的味道么，一个字，

苦；两个字，真苦；三个字，苦里鲜；四个字，回味无比。

　　其实早在唐代，就有人爱吃苦笋，还写了一篇书法，没什么名字，只好叫作《苦笋帖》："苦笋及茗异常，佳乃可迳来。怀素白。"这个人是谁已很明白了，狂草书法第一人怀素是也。到了宋朝，苏东坡自己爱吃苦笋，还把这一喜好传染给他的弟子黄庭坚。黄庭坚一生因苏轼而沉浮，可是不改其志，对苦笋也是大爱，还专门为它写了一篇《苦笋赋》："余酷嗜苦笋，谏者至十人。戏作苦笋赋，其词曰：泊道苦笋冠冕两川，甘脆惬当，小苦而及成味，温润稹密，多啖而不疾。人盖苦而有味，如忠谏之可活国，多而不害，如举士而皆得贤，是其钟江山之秀气，故能深雨露而避风烟。食肴以之开道，酒客为之流涎，彼桂考之。"这篇文章我觉得写得非常好，因为把苦笋的特点说得非常透彻。

　　我吃的苦笋，第一口确实很苦，比苦瓜还要强烈一些。然而确是非常脆爽，回味带了一丝丝甘甜，嘴里顿时生津，仿佛从里到外都清爽了。《本草纲目拾遗》说苦笋："苦，寒，无毒。主不睡，去面目并舌上热黄，消渴，明目，解酒毒，除热气，健人。"我深以为然。

　　苦笋的做法多样，可以切了片做酸菜苦笋汤，可以加了绿油油的芥菜，炒成芥菜苦笋，还可以加入锅仔中，做成苦笋杂菜煲，也可以凉拌，加些雪菜末是极好的。最妙的，这么多文豪为它写文章，正可下饭。当年我看书上写古人喝酒没有下酒菜，取出《唐诗三百首》，读一首，欣赏间手舞足蹈喝一口白酒，以诗下酒，"浮一大白"，那时我不理解，现在明白了，以美文下苦笋，最有古风。

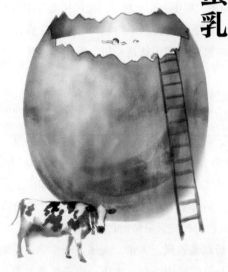

醍醐蛋乳

乳扇与乳饼

　　大理出名的"三道茶"，一苦二甜三回味，最受游客喜爱的甜茶，中间就要用到乳扇。乳扇乳扇，顾名思义，用牛乳制成的扇形食物。据说大理的乳扇最早产自洱源。洱源是洱海的源头，那里有一个坝子，微风拂动着山坡上成片的野花，天色纯净幽蓝，白云朵朵，山下的茈碧湖里白色的海菜花在盛开，山上成群的牛羊在安静地吃草，这个牛羊繁多的坝子就是邓川，因此也就有了白族独特的地方食品——乳扇。

　　我对一切乳制品都有良好的感情——哪怕别人认为是酸臭的瑞士奶酪，还有酸倒牙的内蒙奶豆腐。所以，我可以说对乳扇是一见钟情。

　　乳扇的制作工艺巧妙，却有着白族特有的浪漫和缠绵。我想一般人不会把酸性食品和牛奶放在一起，认为会使奶质变坏。而至于把牛奶的形状和状态加以改变，无论中外古今，也都没有勇气把牛奶做成扇面形状，盛名如瑞士奶酪，是略有气孔的一坨；内蒙古奶豆腐是易碎的方块；现代化生产的奶片是仿佛电蚊香片的压制品。只有乳扇，一种令人费解却充满风情的食品。

　　任何美食的产生，背后都藏着风土人情。大理盛产牛羊，不缺牛乳，而大理人又喜食酸辣，这酸倒不是仅仅局限于醋，木瓜、梅子都是大理人喜欢的食材。这两样食材在大理美食里发挥了不可缺少的作用。不说大理名菜木瓜鸡、木瓜鱼、炖梅，木瓜、梅子还可以用干草泡了吃、用辣椒腌了吃、用蜂蜜渍了吃……当然，还可以做成酸浆用来点乳扇。

　　制作乳扇大体上是把酸水入锅加热，再把鲜奶舀入锅中，用竹筷轻轻朝一个方向徐徐搅动，牛奶遇到酸水，便开始一场生死缠绵，逐渐形成"将咱两个一齐打破，用水调和，再捻一个你，再塑一个我。我泥中有你，你泥中有我，我与你生同一个衾，死同一个椁"的"你侬我侬"状态，凝结成丝絮状的固态物，把这些固态物捞出来，略加揉捏，用木棒将其擀成厚纸页样的薄片，再把两边拉出角，呈斜长扇形，铺在竹架上晾干即成。做好的乳扇颜色乳黄，油润光亮，有浓郁的奶香味，一般10斤鲜奶才可以制成1斤乳扇，恰好可以诠释"浓缩的都是精华"。

乳扇有多种吃法，可以撕成小条生吃，最常见的还是烤和炸。把乳扇切成条，放在炭火上慢慢烤，乳扇受热会膨胀，用竹签子压住一头边烤边卷，烤好后沾上玫瑰酱，花香和奶香融合在一起，才真的是配得上大理美景的食物。也可以把乳扇丁和核桃碎放在火上烧烤后，撒在烤茶里，大名鼎鼎的白族三道茶的第二道"甜茶"就做成了。而招待贵客，乳扇还可以做成很多佳肴。比如乳扇包子和烩乳扇丝。乳扇包子，乳扇不是作馅，而是当皮，把豆腐和猪肉馅加香料拌好，用乳扇包好，在油锅里慢慢煎炸，乳扇包子色泽金黄，香酥可口；而烩乳扇丝是比较突出乳扇味道的菜。把乳扇切成丝，加上云腿丝和鸡肉丝，上锅蒸熟，也不从碗里取出，另用锅加香菇丝、笋丝、各种调味，加了鸡精细细熬，最后加水淀粉勾成薄芡，趁热浇在碗里，淋上几滴芝麻油，顿时香气扑鼻，人人不由争相食之而后快。我岳父还擅长做凉拌乳扇。把乳扇切丝，和香菜段合拌，加盐、醋、麻油调味。

牛乳做的是乳扇，羊乳做的就是乳饼了。乳饼形状就是类似豆腐干的方块，韧性不如乳扇，羊乳的味道也突出，我还是更喜欢乳扇。不过乳饼可以切片和宣威火腿夹在一起上笼蒸熟，再勾玻璃芡调味，就是滇菜名菜"麒麟火夹"。

滑蛋：最好的味道在最家常的食材里

我的职业是培训师，从业以来一直是在酒店或者餐饮里面打转。年轻的时候，我做PPT教案，如果编制一堂课的教案需要5个小时，可能4个小时都是在挑选PPT的模板，那些背景、颜色、图片非要别出心裁，我才会满意。等到阅历越来越丰富，我发现自己变了，做PPT恨不得就用一张大白底板，写的字也越来越少，往往一张PPT上就几个字。这倒和我的美食品位很像——年轻时总觉得菜品是食材越高档的越好，神户六级以上的和牛、南非四头以上的干鲍、伊比利亚吃橡树子长大的黑毛猪的火腿、中国野生的小黄鱼、加拿大的象拔蚌……现在也不是说食材高档就不好，而是把食材的因素放在了后面，更在乎美食本身的制作功力和用心程度。一碗认真制作、味道可口的奥灶面比一碗拼凑着鲍参翅肚而做的乱七八糟的佛跳墙强太多了。食材的深度某种程度上比食材的广度更有意义。

我坚定地认为，最好的味道在最家常的食材里，因为你要天天和它打交道，它的脾气秉性、怎么做它才最好吃，我们最清楚。在清楚的基础上配合一定的技法，不要最复杂，而要最适合，这样做出的菜品，那味道一定是最棒的。比如，最家常的鸡蛋做成滑蛋。

滑蛋是粤菜的叫法，这个"滑"字用的如此精妙，显示了对文字运用的精准程度。炒鸡蛋要炒到"滑"的水平，一下子把质感描摹得绘声绘色，这样的蛋一定是极嫩的，而又十分松软，带着鸡蛋特有的腥转化成的香，从口腔滑进胃里，却爆发最大的满足感，这就是水平。滑蛋要做到这个程度，不是那么容易的，有几个基本的要点：一是鸡蛋打散过程中不能直接加盐，因为放盐一起打的话，鸡蛋就会起泡，就不够滑嫩。或者为了鸡蛋能有一个底味，可以把盐用水调开，加入一点生粉，然后把这个生粉水加到鸡蛋里去。二是炒的时候，一定要热锅冷油，这样下入蛋液后不会黏锅，也不会让鸡蛋发硬。三是蛋液倒入锅中后，静等一会，然后要及时推开底层已经煎成形的鸡蛋，注意这个动作——不是滑散，是轻轻地"推"。尽量保持鸡蛋是刚刚凝固就推开，然后继续把底层刚熟的推开。最后一点，看到基本熟了就可以关火，用余热捂到全熟，这样蛋的质感刚刚好。

如果仅仅是滑蛋，吃久了也会腻，所以，滑蛋最后变成了一个系列菜品。常见的是滑蛋牛柳和滑蛋虾仁。牛柳就是牛里脊，牛肉的好处是，虽然热量和猪肉差不多，但它里面的元素是促进肌肉生长的，所以你看爱吃牛肉的民族先天的体质和身材要健壮得多。牛柳片也要追求嫩，这和滑蛋是很般配的，但是两种嫩又有不同的重点，牛肉的嫩的存在感比松软的鸡蛋还是强烈很多。从色彩看，一个是红色系的，一个是黄色系的，喜庆而讨巧的色彩搭配。

如果用虾仁，虾仁也是嫩的，可是又带有一定的弹，做好后，虾仁带着粉色，和金黄的鸡蛋一对比，自然小清新，撒点碧绿的葱花，恰如春天鹅黄的迎春花带来温暖的消息。

老北京的几样甜品

中国菜里其实有很多甜品，只是都没有西点那么甜，我倒觉得更健康，味道也更适合我常吃。老北京的小吃里，两样乳品、两样面点，都是我常吃的甜品。

说到乳品，知名度最高的估计是奶酪。一说到奶酪，很多人想到的是又臭又酸的外国奶酪。其实外国奶酪我也爱吃，居然还十分喜欢带着咸味的、有着蓝色花纹的重口味奶酪。不过我这里说的奶酪是中国奶酪，而且特指满族奶酪。

为什么这么说？因为中国其实也有不少种奶酪，比如内蒙古的奶豆腐也是奶酪的一种，而西藏有奶渣子，也属于奶酪。

满族人的奶酪和上面所说到的奶酪还有不同，因为它不是使用常见的发酵方法。其实做奶酪，和做奶卷的前期很类似。据传老字号"奶酪魏"的办法是：牛奶烧沸，加入白糖、糖桂花搅匀，放在阴凉通风处晾凉；小碗中放上炒过的瓜子仁、核桃仁和葡萄干；将米酒慢慢地倒入晾凉的牛奶中，搅动，并迅速将牛奶舀入小碗中，每碗盖上一块小木板，然后，紧贴着酪桶的内壁，把碗摞起来；把烧红的煤装入圆桶形的铁丝筐内，筐底垫着铁板放在酪桶中间的空隙处，盖上桶盖，约烤二三十分钟，等到奶酪冷却后，再放入冰箱冷冻三四小时即成。奶酪魏有几个桶我不知道，但是每个酪桶共有 6 层，每层可放 10 碗。

这个方法适合奶酪店，我寻思自己弄太复杂，所以我一般都去奶酪魏店里吃，顺便在牛街上吃点其他好吃的。文宇奶酪在北京也是名气很大，甚至成为一个旅游景点。我以前倒是总逛南锣鼓巷，不过每次去那里都是人山人海，我不耐烦等，一般都在街口三元梅园解决，觉得也还不错。

其实老北京也有汉族人的奶制品传下来。《明宫史》云："凡遇雪，则暖室赏梅，吃乳皮，乳窝卷。"这"乳窝卷"指的就是奶卷。单奶卷是用牛奶结成的皮子，卷上自己喜欢口味的深色内馅儿；鸳鸯奶卷是一边卷山楂糕一边卷芝麻白糖馅儿。

也许是受了《明宫史》的影响，我总觉得吃奶卷是件雅事。最好就是下雪天，屋内生着火盆，瓶里插一枝红梅，一边赏雪看梅花，一边端出外皮胜雪、馅心甜美的奶卷，那真是人生里一件乐事。

做奶卷其实也不算杂。现在都用米酒来做凝固剂。把醪糟放在温度稍高一些的地方放一天，醪糟会略微发酸，酒精度会上升。把醪糟倒入铺有笼布的容器上，将笼布提起攥紧尽量多地挤出醪糟汁备用。牛奶中加入白糖，倒入不锈钢锅中小火加热至四周有细微气泡，即将醪糟汁倒入牛奶中继续搅拌加热。一会儿牛奶中会出现絮状物，继续搅拌加热，会发现棉絮状的牛奶越来越凝固，漂浮在表层，此时可以关火。将絮状物捞出，剩下的为乳清水，可以直接饮用，也是传统的强壮剂。将絮状物过滤，沥干水分。然后用手抓揉絮状物，使其变成相对紧实和细腻的奶团。将奶团用保鲜膜包裹，用擀面杖将其擀成长方形奶片，切去不规则的边角，成为标准的长方形，厚约一厘米。去掉保鲜膜，取一些红豆沙馅用表面刷过薄油的擀面杖也擀成大小近似的长方形薄片，厚也为一厘米。把豆沙馅放在奶皮上，再用擀面杖略为擀压一下。将奶皮从边缘慢慢卷起，直到成为一个圆柱体。用锋利的薄片刀，每隔一厘米切片，即成奶卷。

做奶卷一定要选用全脂牛奶，那是因为发明奶卷的时代没有脱脂牛奶，哈哈。

如果不想吃乳品，也可以选择面点类的小甜品。首选是小窝窝。我爱吃小窝窝，开始是纯的栗子面做的，黄得有些不真实，但是干香无渣，后来变成玉米面加豆面的，虽然也还香纯，但干了以后吃不仅一嘴面还容易划嗓子。

据说小窝窝也是慈禧爱吃的。大家该有疑问了："这么看慈禧还挺节俭的，喜欢吃的都不贵，不就整点窝头、豌豆啥的？"可不能这么想，这么想就上当了。小窝窝怎么来的？和慈禧西逃有关。

这逃难，其实任何人都差不多，只是慈禧还有些随从，还能有口吃的。在去山西的路上，慈禧饿得不行，撩开轿帘，看见有难民蹲在墙角吃什么东西，看起来吃得特别香。让随从去要了一个，随从一看，窝窝头，这老佛爷怎么吃啊？慈禧说没事，拿过去就啃，吃完了，说真好吃。后来銮驾回京，慈禧不知道怎么着一天又想起窝窝头来了。让御厨做，不对味，杀御厨，一连杀了三个，结果觉得还是不对味儿。后来御厨总管琢磨着用纯栗子面加上精白糖，做了体积小几倍的窝窝头奉上，战战兢兢地等着。慈禧一尝：嗯，这个味不错，就是还是没有以前吃的那么香甜。

现在做小窝头，还是不舍得用栗子面。一般是将玉米面、黄豆面、白糖按照6：4：2的比例调匀，加少许泡打粉，用清水和匀，和成面团；揪成小剂子，做成圆锥形，用筷子从底部捅个窝，上笼蒸熟即可。

　　小窝窝其实还不算甜，更贴近甜品类型的是糖卷果。卷果我都爱吃，不过我觉得这个果应该是"馃"，因为北方还有安徽等地常把油炸的面食小点心叫作"馃子"。

　　卷果分为甜咸两种，常见的是糖卷果。我自己经常吃的也是糖卷果。因为我是一个培训师，经常讲大课，一讲一天五六个小时，最担心气虚，而糖卷果的主料是山药，补气佳品也。做糖卷果，要把山药去皮剁碎，另外把大枣去核，青梅、核桃仁、花生、瓜子仁切碎，拌匀后掺上一些面粉，加水搅拌均匀，包裹在湿润的油豆皮中，用湿淀粉把口封好，上笼蒸透；准备消毒过的干净豆包布一块，将蒸得的原料趁热置于布上，捏成三角状长条，凉后切成小手指般厚的块，入七成热的油锅，炸成焦黄色时捞出；另用锅加油、水、桂花酱、饴糖，小火炒至黏稠，将炸得的卷果倒入，裹上糖汁，撒上白芝麻就可以了。

　　咸的卷果，是用牛、羊肉做馅，加上葱、姜、盐和淀粉搅拌好，做成长条形，用文火炸成。

　　卷果是真正的药膳。糖卷果里的山药，补而不滞，不热不燥，能补脾气而益胃阴，是传统的抗衰老的佳品，而大枣是维生素 C 之王，可以补虚益气、养血安神、健脾和胃。咸卷果里的羊肉，能暖中补虚，补中益气，开胃健身，益肾气，养胆明目。所以，常吃卷果，是最好的养生方式之一啊。

天之禽羽

二京的烤鸭

中国有不少古都，不过说到京城，南北二京遥遥相对，都颇有王者之气。相对北京来说，南京绝对是旧都。旧都没有新都发展快，故而提起北京，我总觉得南京人内心里有些愤愤不平，故而面上也有讪讪之色。我却觉得每个城市都有每个城市自己的活法，不能比也不用比。北京自有北京的大气，南京也曾经睥睨六朝，连带现在依然有金陵王气和六朝的水云交织。旧的东西往往都是新的东西的源流，所以大名鼎鼎的北京烤鸭，其前身其实是南京烤鸭。

南京的烤鸭也是明炉烤的，南京人喜欢小糖醋口，南京烤鸭往味汁的方向去了，这对增加食材本身的鲜味是非常有利的。南京烤鸭在乎的是配鸭肉吃的那一碗老卤汁的味道。明炉烤鸭在烤制时，鸭皮下要吹气、鸭肚膛内要灌水，这样才能形成外烤内煮、皮酥脆肉软嫩的效果。一旦鸭肉熟了，这一包汁水也鲜透。趁热把酒酿等倒进汤汁，浇上糖色、米醋、精盐，不能加酱油增色，就是要原汁的酱色，这样的红汤老卤才叫地道。用鸭肉蘸着红卤吃，咸里带微酸，回味里有鲜甜，鸭肉的美就彻底地体现出来了。

明朝出身于南京，倒是一个比较强势的朝代。开山的三位皇帝，除了夹在中间的朱允炆左右为难却又不可抹杀之外，朱元璋和朱棣倒都是励精图治的。这两位都爱吃鸭子。从记载来看，不是盐水鸭，而是烤鸭。尤其是朱棣迁都北京，把南京的烤鸭带入，北京才有了后世名头响当当的"北京烤鸭"，也才出现了挂炉的全聚德、焖炉的便宜坊这两大烤鸭流派。时至今日，你问北京人，各有各喜好的烤鸭店，挂炉的全聚德，为的是一嘴油香；吃大董的烤鸭，为的是酥而不腻；吃眉州东坡的烤鸭，为的是还有川味的辣椒酱一起卷裹；吃嘉里中心的烤鸭，不为大酒店的豪华，为的是袁超英师傅的那一手烤鸭绝活儿。而焖炉烤鸭，基本是便宜坊一家独大，"八百年古都北京城，六百年焖炉便宜坊"，这也是蝎子尾巴——

独一份儿。

北京传统的烤鸭吃法是甜面酱加葱丝，可配黄瓜条，荷叶饼裹几片烤鸭卷起，已经是好吃无比。近几年又发展出林林总总的不同吃法。比如一种据说是由大宅门里的太太小姐们兴起的吃法，这些小姐太太们既不吃葱，也不吃蒜，却喜欢将那又酥又脆的鸭皮，蘸了细细的白糖来吃。鸭皮入口即化，鲜甜香滑。还有用蒜泥加甜面酱，也可配萝卜条等，用荷叶饼卷食鸭肉的。蒜泥可以解油腻，将片好的烤鸭蘸着蒜泥、甜面酱吃，在鲜香中更增添了一丝辣意，风味更为独特。也有额外添加辣椒酱的。甜口的也有创意，有加蓝莓酱的，还有加跳跳糖的。虽说各有各人的口味，起码也说明烤鸭真的是大众不可或缺的美食。

其实较为接近南京烤鸭的应该是便宜坊的焖炉烤鸭。虽然不用红卤了，但烤鸭时不见明火，利用烤鸭炉炉膛的反射热，鸭膛内灌入特制老汤，焖烤而熟，其思维方式一样的是外烤内煮。便宜坊非常有特色的烤鸭是"蔬香酥"和"花香酥"。我尤其偏爱蔬香酥。这是有原因的。

我在食材里不喜欢鸭子，因为鸭子制不好有特殊的腥臊味。但是烤鸭这种制作方法正好克服这种食材的弱点。评价一只烤鸭的好坏，我有我的评价标准：首先，鸭子应该有浓郁的鸭肉香气，任何辅料不应该遮盖这种主料的味道；其次，鸭子在冷了之后应该没有禽腥气；再次，鸭子皮在冷却之后应该没有"拉筋"现象；最后，鸭子应该少油，少烤制后的残留物，这样才健康。便宜坊的蔬香酥完全符合这些要求。蔬香酥用烤鸭车推上来后，烤鸭师傅亲自为你片取鸭肉，鸭肉形状应该如同"丁香叶"。如果您点全套烤鸭，会给最尊贵的客人单独上一吃碟，里面放两条鸭背脊肉丝和鸭头，意为全鸭最好精华呈献给贵宾。蔬香酥，系多种蔬菜汁用特殊方法制进鸭肉组织之内，烤好后，片取一片，放在嘴中细细咀嚼，蔬菜的清香味溢满口腔，但是又不干扰鸭肉本身的味道，而是相得益彰的感觉。这样的做法还有一个好处就是鸭肉冷了，也绝没有禽腥气，吃起来还是淡淡的蔬菜香。特别是鸭子皮，我专门留了两片放冷了吃，还是入口即化，不像其他很多小店的烤鸭冷了之后，鸭子皮变得很筋道，嚼不动。

特殊的还在后面。便宜坊的鸭子配的荷叶饼是绿色的和橙色的。绿色的是用菠菜汁制成的，橙色的是用胡萝卜汁制成的，提升了荷叶饼的营养。配菜里面没有葱丝，因为葱丝味道太浓，会遮盖鸭子本身的香气，所以配了生菜、香椿苗和薄荷叶。蘸了酱一吃，全部自然的味道都在你的身体里了，确实是别具一格的舒爽体验。

一锅正气

我在云南的时候，因为喜欢，常常去铺子里看一绿一红一白一紫。"一绿"，翡翠也；"一红"，保山的红玛瑙也；"一白"，各种银器银饰也，"一紫"，建水紫陶也。

紫，在可见光中波长最短，是红与蓝合成的颜色。意为高贵，象征冷艳，往往天然带有几分神秘，几分忧虑，几分典雅，亦富于梦幻与罗曼蒂克。紫，对男性而言象征有事业心，庄重，并有判断力；对女性而言象征精神的崇高，神秘而忠贞。说来可笑，我一开始对建水紫陶上心，是因为我左看右看，没发现它是紫色的，倒是觉得更像一种发黑的红褐色。你知道的，我们往往不如先人对事物那么敏感，也缺乏天马行空的想象力，故而我决定对紫陶一定要看出个"紫"来。

越是接触，越是发现紫陶的不一般。建水紫陶和我熟悉的宜兴紫砂一样，并列中国四大名陶，另外两种是广西的坭兴陶和重庆的荣昌陶。我自己有一把青年陶艺家三金制的小茶壶，填刻了一位老僧画像，比紫砂壶更敦实些，我往往用来泡有年份的老茶。

不错，建水紫陶独特的就是"填刻"，全称是"阴刻阳填"。简单说就是在陶坯上镂刻一些图案纹样，要注意掌握力度，刻深了会刻穿坯体，而刻浅了将无法填彩，这就是"阴刻"。然后用不同于坯体颜色的天然彩泥填入刻好的图案中。但是由于填充彩泥的湿度与坯体湿度是不同的，而且在干燥过程中添泥与坯体的收缩率也不一致，因此，添泥要经过二至三次反复填压，使添泥与刻模充分黏合，添泥与坯体表面成为同一平面才算完成。这就是阳填。

建水紫陶的技法虽然独特，其实原来老建水人最熟悉的紫陶产品却是很接地气的，那就是做汽锅鸡用的汽锅。我曾经见过朋友家一个家传的汽锅，颜色较一般紫陶偏红，略有破损，但是还可以正常使用，油润从内而外的闪现，外壳上填刻了一丛灵动的兰花。

汽锅鸡是滇味中的代表菜品，工欲擅其事必先利其器，做汽锅鸡离不开一个好的汽锅。汽锅鸡有深厚的文化底蕴，具有丰富多彩的来历故事，它成就了云南建水紫陶实用器皿的发展应用，并发挥了云南特有药材的养生作用。汽锅鸡全面体现了云南菜中清淡淳朴、原汁原味、重油味厚的特点。好的汽锅要选用建水城郊特有的红、黄、青、白、紫五色陶土精制而成，其色如紫铜，声似磬鸣，光洁如镜，永不褪色，造型独特，有潭深而可探之貌，又有培养正气之功。

而一道制作严谨的汽锅鸡，要精选放养土鸡，以云南武定阉鸡为极品。阉过的鸡肉质会转向肥嫩，瘦而柴的肌肉会减少。把鸡斩成小块后佐以适量葱姜放入汽锅内，下面架在蒸锅上，虽然看似汽锅内是无水干蒸，但蒸汽会顺延汽锅中间高起的锥形汽孔进入汽锅，对鸡肉形成了萃取的作用。特别壮观的是，往往汽锅会一个摞一个，一般七八个一柱，高过人头顶，上面还冒着蒸汽。蒸制三四个小时后，蒸汽所凝结的蒸馏水就萃取鸡肉精华形成汤汁，原汁原味。故整个烹制过程被古人誉为"培养正气"。所以有的汽锅鸡店会挂一块牌匾，上面写着"浩然正气"，估计孟子他老人家那时候还不知道正气也可以这样培养。

云南人吃汽锅鸡的时候，会另拿一个碗，在碗中一定要撒入三七粉，再用鸡汤趁热一浇，顿时药香鲜香交融，而鸡汤那种纯正的鲜美是其他做法所不能达到的，明明是清澈汤水一碗，却又黄亮诱人，口感有很多层次，唇齿留香。

干巴与腊鹅

云南是少数民族的聚集地区，其中回族所占比例不少。有回族同胞自然就有清真美食，我在腾冲的街头就发现了很多回族同胞开设的清真食馆。我腾冲的朋友们也很喜欢这些清真菜，三五天不去吃一顿"牛菜"就很想念，慢慢地，我也发现了这些云南清真菜的魅力。

回族清真膳食主要以牛肉、羊肉、鸡肉、鸭肉、时鲜瓜果蔬菜及其他副食品为主，特别讲究清洁卫生，以鲜活为宜，未经宰杀的鸡、鸭、牛、羊和动物血液一概不吃。我虽然不信奉伊斯兰教，但是回族清真菜"养壮不养胖"的特点还是很打动我。因为云南的回族长期和汉族及其他少数民族共同生活，云南清真菜便具有了很多滇菜的特点。其烹调的各种菜以淡烫鲜香、醇厚回甜、富于营养为特色，还使用了草果、薄荷等大量云南特色的香料进行调味。

在腾冲，清真馆子里最富特色的是牛干巴和腊鹅。云南汉族擅制火腿、腊肉，回族则腌得好干巴。干巴是云南独特的食品，以寻甸、会泽等回族聚居区产的为最好。干巴便于携带、保存，吃时油炸、水煮、火烧无不可，调味甜咸酸辣皆宜。我在西藏、云南德宏傣族景颇族自治州等藏族和傣族聚居区也吃过很多牛干巴，不过回族食用牛干巴有很大的不同。腌制干巴要在寒露前后选壮牛宰杀，割下规整牛肉，在通风处晾透后，用炒过的食盐揉几遍，也可加些五香粉、花椒粉之类。装缸腌时要放平压紧，再撒一层盐，用几层纸扎紧缸口。20天左右出缸，吊挂晾晒，两天后平放在簸箕里加压挤水再晒，直至肉已干硬即成。制成的牛干巴排排列于木架上，块型齐整，色如粟壳，闻之有香。

藏区的牛干巴有黄牛的也有牦牛的，多是风干了后手撕了来吃，更有粗犷的筋道；傣族的牛干巴通常火烧，然后捶松，撒了干辣椒面等食用，别有一番风味；腾冲回族牛干巴最常见的吃法是油煎，柔韧有嚼劲，很有牛肉的特有香气。

腊鹅是腾冲清真馆里的另外一种美味。以前一提到清真菜我就先想到牛羊肉，后来才知道腾冲回族同胞也喜食鹅肉，尤其是芒棒的回族同胞素来擅长养鹅，几乎家家都有养鹅的传统，少则三五只，多则上百只。鹅的喂养很简单。鹅小的时候切一些菜叶子和着玉米面喂养，稍大一些就用菜叶子、草用水和着糠喂养，白天把它们赶到山坡上，天黑了它们会自己回家。鹅成年后，为了能使它们更加膘肥体壮，就要靠填塞了。塞鹅，有的地方也叫"蹲鹅"，就是将成年鹅由放养改为笼养，使其不能再随意地展翅活动，每天给它们塞一种用玉米面做成的饭团 3~4 次，直到鹅变得膘肥肉白（一般 20~30 天的时间）。

鹅填肥了，就可以制作腊鹅了。把填肥的大鹅宰杀干净，剖胸掏出五脏，放食盐、硝、酒等腌制，压制成饼形，彻底风干，就成了制好的腊鹅。我不是很清楚腊鹅的食用方法，但是觉得如果要保持鹅肉不是很硬紧，似乎需要先煮一下然后用油慢慢浸炸，便成了一盘鹅油汪汪的腊鹅。用深栗褐香的腊鹅片蘸着盐巴和草果粉，入口耐嚼，并且有很浓郁的鹅肉香气。《随患居饮食谱》曾经注解："（鹅肉）补虚益气，暖胃生津。能解铅毒，故造银粉者，月必一食也。"《本草求真》也讲过："鹅肉，究之味甘不补，味辛不散，体润而滞，性平而凉，人服之而可以解五脏之热及于服丹之人最宜者，因其病属体实气燥得此甘平以解之也。"腊鹅肉好吃，鹅油也千万不能放过，用鹅油拌大米饭，再撒些草果面，不仅不腻，还油润香滑，让人忍不住连吃几碗。

当然，清真菜还有很多，像什么烧蹄筋啦、烧牛肉啦，等等，回族同胞们都是深得此类菜肴的制作精要，不仅软烂滑嫩，而且风味十足。怪不得，云南清真菜也是滇菜的重要支柱之一呢。

南京的盐水鸭

南京有几样吃食，是我很喜欢的，其中之一，是盐水鸭。

咱们中国人给菜品起名字，有着近似于狡黠的快乐。我记得有一次去四川，在一个几十年的老馆子里看菜单，有一道"经得拈"，确实不知道为何物，很期待地点了一份。上来一看，开始是哑然失笑，后来简直笑得前仰后合，我道是什么，原来一盘油炸花生米是也，一粒一粒连夹十几次，还是一大盘，果真经得拈。另外还有一些菜名，是咱们中国人才能理解的，比如"四喜丸子"，英文刚开始翻译成"四个欢天喜地的肉圆子"，太欢欣了。

盐水鸭，另外有一个名字叫作"桂花鸭"。

我觉得两个名字都好，盐水鸭绝对是豪放派起的，一语中的，直指人心。上好的小湖鸭，炒好椒盐，细细地涂抹一层，哪里都不能放过，然后放置十几个小时入味，接着洗掉这些腌料，用接近于沸腾但是并不翻滚的水加上简单的佐料细细炖煮，熟了放凉就可以切块装盘，大快朵颐。"桂花鸭"这个名字，应该是婉约派起的。最适合穿着旗袍的丽人，轻启朱唇，夹一块白嫩的鸭肉，吃下去，张嘴说话前莞尔浅笑，甚至空气里都弥漫如兰似麝的香气。桂花鸭还是盐水鸭，不是用桂花入味，而是桂花开放时节，鸭肉最好，甚至都会沾染一丝似有若无的桂花香气，便称为"桂花鸭"。

南京亦是我喜爱的城市，不过从古至今它都有些尴尬。历史上的南京也是几朝的古都，然而这些朝代大多是短命和偏安的。所以南京的名字也几经变迁，"金陵"尚带着纸醉金迷的名士风流，而"秣陵"已经让我感到寒冷的冬意，甚至一片肃杀；"建业"倒是尚存着初生的豪迈与对未来的期冀。这片石头城，王气依然缠杂在滚滚红尘之中，不过始终都笼罩着一层模糊迷蒙的水汽。

夏秋季节南京的路边买盐水鸭的也比买烤鸭的多。虽说现在的南京，似乎大多数年轻人都偏爱味道具有侵略性的烤鸭。但是在这炎热的夏天，烤鸭还是会显得太油太腻，若是斩上半只咸鲜可口的盐水鸭，南京夏天的燥热就都在皮与肉间消散了。而这种口感是一代一代传下来的，对于老一辈的南京人来说，记忆中最难忘的味道，也许就是工厂下班回来的爸妈，手中拎着的那只盐水鸭，满嘴都是那股子清香。

南京盐水鸭也是见过大阵仗、大世面的。Discovery 探索频道曾经给南京一家叫作"陆家鸭子"的本土鸭店拍过一部纪录片，讲述了陆家鸭子参加南京鸭王大赛的经历。陆家鸭子似乎也得到了各路美食编辑的喜爱，他们认为陆家的盐水鸭有一种经腌渍过后独特的卤水与鸭油融合的香味。鸭肉很瘦，肉感却很细腻，鸭肉吃起来有种一丝丝一缕缕的口感，难得地做到了盐水鸭最大的特点"咸中带鲜"。

我这样老派的人更喜欢"韩复兴"，一家老字号。韩复兴的盐水鸭不知道是不是老卤的原因，感觉更香、更入味，夏天的时候，切点鸭胸脯肉，还可以在冰箱里稍微冰一冰，然后煮点白米稀饭，也放到温凉，就着鸭肉一起吃，又好吃又清爽啊。

宜良烤鸭

　　云南也有烤鸭，最出名的大概是宜良烤鸭。我吃过宜良靠近七彩云南商城的一家老字号烤鸭，确实惊艳。后来云南省各大城市基本上都有宜良烤鸭，于是就变成了云南烤鸭，起码，我曾住的大理州市基本如此。

　　据我们家美食家我老爹说，如果在下关，是泰兴市场的那家"水笑鱼"做的烤鸭最好。我不敢肯定，因为下关多的烤鸭牌子是"达继莲"。而我自己，最喜欢吃大理古城博爱路上一家"廖氏烤鸭"，除了味道好之外，起码最近5年价格没有变过——18元一只。

　　云南烤鸭相对于北京烤鸭便宜不少，因为个头也小。但据说是和北京烤鸭之源流南京烤鸭一脉相承。如果追溯烤鸭的历史，那是非常悠久的。从宋朝到元朝的古籍中都有关于炙鸭、烧鸭（均为烤鸭）的文字记载，到了明朝，烤鸭成为宫廷美味之一。不过那时的南京烤鸭，是用黑色羽毛、体型瘦小的南京湖鸭烤成，称为金陵片皮烤鸭，这和后来的北京烤鸭相比，在口味和外形上都存在很大差距。北京烤鸭的产生，是同北京填鸭的养殖成功密不可分的。明成祖朱棣从南京迁都北京之后，每年从运河船运调至北京的粮米数量庞大，落入河内的散粮也不计其数。运河两岸的鸭子长期以这些散落的粮食为食，体型、肉质逐渐起了变化，人们又借鉴养鸭子的"填嗉法"，创造了人工填鸭法，培育出了体型丰满、肉质肥嫩的鸭子新品种——北京填鸭。对于这样的鸭子，制作烤鸭当然和湖鸭的方式不一样，就逐渐发展成今日的北京烤鸭。

　　而云南烤鸭相传是明洪武年间，朱元璋封颍川侯傅友德为征南首领，率领千军万马奔赴云南，傅友德随军带上了自己的家厨、南京著名的烧鸭师傅，人称"李烧鸭"的李海山，以便让自己在云南也能吃到美味的南京烤鸭。平定云南后，傅友德返回南京以功封颍国公，加封太子太师，后坐事赐死。稍晚也准备回南京的"李烧鸭"闻讯不敢再回南京，便隐姓埋名，先后在宜良狗街、宜良蓬莱乡的李毛营，经营起烧鸭生意，开了家"滇宜烧鸭店"，宜良烤鸭就这样流传下来了。

　　云南烤鸭倒是很像明代的南京烤鸭，是用云南水麻鸭制成，体型不大。麻鸭生长比较慢，但是肉质很紧实，脂肪含量少，另外鸭骚线的味道也很小。一般烤鸭用的麻鸭体重在一斤到一斤二两之间，所以这也决定了传统的云南烤鸭吃法是连骨剁开蘸酱料或者椒盐粉吃，类似于四川的樟茶鸭，而不是像北京烤鸭那样片着吃。最近"新新人类们"也片着吃云南烤鸭，真是不懂生活，云南烤鸭因为体型小，骨头都酥脆带香，就吃点皮子，岂不浪费，暴殄天物耳。

云南烤鸭和北京烤鸭还有不同，一方水土养一方人，自然有一方水土的本土特色。云南烤鸭是要先腌制，然后才烤的，因而味道更浓郁。做法我觉得还是次要的，最主要的是北京烤鸭皮上刷麦芽糖浆，我们叫"糖色"，而传统的云南烤鸭皮上都刷云南蜂蜜水，大山里的野蜂蜜最好。还有北京烤鸭讲究用果木——苹果木、枣木等，烤好的鸭子天然有果木香味，而云南烤鸭讲究用松毛烤，所以松脂的香味和药用效果都能在一只小小的烤鸭上体现。

说了半天烤法，咱们说味道。烤好的云南烤鸭，皮色棕红，"身材健美"，剁开后直接吃，不腻不柴，没有鸭骚味，而且很适合下酒。如果蘸酱或者椒盐，调味料和鸭肉本身的香相得益彰，并不互相干扰，配饭甚是快意，而我尤其喜欢配咸的破酥粑粑，满嘴油香，而又不担心上火，要知道，麻鸭是很好的凉性食物。

最后，补充说明一句，云南烤鸭是焖炉烤鸭也。

永州血鸭

永州，我觉得是柳宗元的永州，起码曾经我一直这样认为。柳宗元的永州，是仿若世外桃源一般的存在，处处皆小景，清泠入吾心。最熟悉的应该还是《小石潭记》："从小丘西行百二十步，隔篁竹，闻水声，如鸣佩环，心乐之。伐竹取道，下见小潭，水尤清冽。全石以为底，近岸，卷石底以出。为坻，为屿，为嵁，为岩。青树翠蔓，蒙络摇缀，参差披拂。潭中鱼可百许头，皆若空游无所依。日光下澈，影布石上，怡然不动；俶尔远逝；往来翕忽，似与游者相乐。潭西南而望，斗折蛇行，明灭可见。其岸势犬牙差互，不可知其源。坐潭上，四面竹树环合，寂寥无人，凄神寒骨，悄怆幽邃。以其境过清，不可久居，乃记之而去。

同游者：吴武陵，龚古，余弟宗玄。隶而从者，崔氏二小生：曰恕己，曰奉壹。"
我小的时候读到这篇文章，曾经在"潭中鱼"那句停留很久，浸润其中不能自拔。
好像在心里升起一块透明的水晶，里面的游鱼如同在空气里一样自由。其实，中
国人一直追求的就是这种心灵的自由，虽然身在原地，心灵却如鲲鹏一样，展翅
间遨游几万里。

在永州 10 年，是柳宗元人身不自由、仕途最失意的 10 年，然而却是心灵最自由、
文采最飞扬的 10 年。"地因人始重"，永州能够拥有柳宗元是它的福泽。

现今的永州，小石潭因为修建水库，已经风采不在，留下的只是千古绝唱。
不过因缘巧合，我却能够吃到永州的一道特色菜，算是从另一个方面欣赏永州的
风情吧。

这道菜在永州很有名，故而以地名名之，永州血鸭是也。"永州血鸭"选用永
州农家放养的仔鸭为原料，先在新鲜鸭血中加入相关调料，再在锅内下油爆炒仔鸭
及各种配料，待炒至八九成熟时，将鸭血倒入再翻炒几下即可出锅。菜还没端上桌，
浓浓的鸭肉香就已飘过来，充满了整个饭厅。迫不及待地夹上一筷入口，鸭肉鲜香、
鸭血细腻，香辣爽口，马上你就会被这永州美食的独特风味折服，胃口大开。

永州血鸭的主要配料是青红辣椒和新鲜仔姜，也有不同流派，我还见过放油
炸花生米的。鸭子一般选用 3 斤左右的。宰杀鸭子前先在预备盛血的碗里放上少
许细盐，宰杀时刀不离血管，使鸭血顺刀流入碗中，然后用筷子不停地搅动，直
到血面上起泡，拿起筷子能抽丝为止，这样的鸭血做好后会比较细腻，放置时也
不会结块凝固。

鸭肉斩成块，先过油爆炒，然后加入仔姜和青红椒再炒熟爆香入味。最重要
的工序是加入鸭血，要把鸭肉汤汁舀出 6 成，和鸭血一起搅匀，然后改用温火，
将鸭血倒在鸭子肉上，边倒边搅和，再大火翻炒鸭肉使之均匀挂上血衣后出锅，
淋入少许麻油即可。据说柳宗元吃过的永州血鸭是加了醋的，我在我吃的血鸭里
好像没吃出来，不过倒是觉得仔姜有泡过的感觉，有一些酸味。世事总是变化的，
往事不可追，活在当下，感恩这一份永州血鸭吧。

沾益辣子鸡

我觉得沾益辣子鸡看起来挺简单的，可是，我却没想到它那么好吃。

说到辣子鸡，重庆的辣子鸡可能更为大众熟知。重庆的辣子鸡追求的是干香，辣椒占了一多半，在一堆红亮中发掘、寻觅、"争抢"鸡肉，吃得不亦乐乎。沾益辣子鸡却是带汁的，我倒更觉得像是香辣版的黄焖鸡。

沾益是地名，在云南省曲靖市，以前是个县，现在是曲靖市的一个区。沾者，沾光也；益者，利益也；沾益者，利益均沾，财源广进。其实我也不是特别明了沾益的名称源流，但是沾益的水流特别多，按照水即生财的风俗认知，沾益确实是有广泛财气的。

沾益古称"交水"，意为江水并流交汇之地。特别有意思的是，我知道了沾益才知道广东的珠江是发源于沾益的。沾益境内马雄山是珠江源头河段南盘江、北盘江发源地，是南、北盘江和牛栏江"三江"分水岭，坐拥中国长江、珠江两大水系，河湖共生，水系十分发达。除此之外，沾益给我留下深刻印象的还有"五尺道"。五尺道又称滇僰古道、僰道，是连接云南与内地的最古老的官道，为连接川滇汉人与古僰人修建的。秦统一中国后，为了有效地控制地方，在夜郎、滇等地设立郡县，秦始皇派遣将军常頞率军筑路，由于沿途山势太险，凿通实在不易。当时尚未发明炸药，只能在岩石上架柴猛烧，然后泼冷水使之炸裂。这条古道从蜀南下经僰道（今四川宜宾）、朱提（今云南昭通）到滇池，由于道路宽仅五尺，故史称"五尺道"。这条道路尽管狭窄，却和秦始皇在全国其他地区兴修的宽达50步的"驰道"具有同等重要的意义，是云南与蜀的重要商道。

相比珠江源和五尺道，沾益辣子鸡可能是沾益区最为人所知的一张城市名片。在当地，最有名的是"龚×"辣子鸡。只要有名的东西，最后会变成很多人争抢的花红，于是沾益县三家最有名的辣子鸡馆子，一家叫作"龚氏"，一家叫作"龚记"，一家叫作"龚家"，这也是个有意思的地方特色。

不管谁家的辣子鸡，反正要想好吃，就得认真去做。可是沾益辣子鸡还真没什么特殊的调料，我看了一下，大同小异，不外乎上好的菜油、猪油、鸡油，当地人说做沾益辣子鸡必须用这三种混合的油才香。此外就是辣椒面、大蒜、姜蓉和葱白，当然也少不了云南人喜欢的草果，常见的大料、桂皮，加上酱油和盐。据说还要用酒泡过的辣椒面，而且泡的时间越久味道越好，这个我倒是没吃出来，不过有料酒的味道。

做好的沾益辣子鸡，色泽红亮油润，带有鲜美的浓汁，吃一口，入味透彻，香气令人回味。一般吃沾益辣子鸡，光吃鸡不行，还有一些配套的小菜，云南人爱吃的炸洋芋条、白水煮苦菜汤、豆花或者小馒头，一色清淡，正与火爆的辣子鸡互补。吃剩下的鸡肉和汤汁，最好打包带走，拿回家去下面条，也是爽不可言。

其实我忘了说最重点的，沾益辣子鸡为什么好吃？还是要用本地土公鸡才对劲，年纪也不能大，刚会打鸣的最好。

苏州的几样吃食——母油船鸭、枣泥拉糕和糖粥

苏州是人间天堂，排名还在杭州之前。苏州在我的心里，永远都是富庶繁华，却又透着看透世情的清冷，仿如虎丘，有着狂放知名的斜塔，却并不突兀，因为剑池那一汪碧水透着森森的剑气。苏州是明艳的，然而却有着风骨。

苏州的吃食，整体的风格是绵软细腻的，一如代表性的西点。苏州菜并不在食材上张扬，有的是一腔情思化作阳春水，浸润美食的是清泉慢润，而不是浓香如瀑布般冲泄。

苏州之外，不常见的菜是母油船鸭。名字不太好理解，母油到底是什么？苏州传统上，把在三伏天晒制到秋天的发酵酱油称之为"母油"。而在100多年前，太湖游船众多，船家都在船上煮饭烧菜，供游客食用。船家用整只鸭子，在陶罐中煨制，原汁原汤，香味浓郁，肉质酥烂不碎，深受船客欢迎，故而称为"船鸭"。后来船鸭进一步改良，将原来的带骨鸭，改为出骨鸭，并在鸭肚里加上川冬菜、香葱、猪肉丝等配料，在调味上改用苏州优质母油，其味更佳，名字也就正式确定了，就叫"母油船鸭"。母油说过了，其实不可缺少的还有川冬菜。

四川冬菜是以芥菜为原料，花椒、八角等香辛料为辅料，经过20道工序，历

时 3 年加工而成。此菜历经 3 个寒冬，立春之日喷香而出，故名"冬菜"。平常菜蔬经过发酵，得天地造化之力，往往美味不可言说。和母油、鸭子融合渗透，味道上初尝并不浓郁，却有叠加辉映的回味。

而枣泥拉糕，原本是苏州的冬春季风味小吃，我猜测，可能是秋枣收获后，加上干燥、运输到苏州正是冬春之时。以前做枣泥拉糕，多加入糯米粉，做好的糕盛碗中，食时用筷子挑起、拉开，故名"拉糕"，和南京的桂花拉糕有异曲同工之美。现在的枣泥拉糕，配送的多，基本大工业生产，为了便于储存和运输，减少了加水量，并且切成菱形块，也较之以前硬挺，虽也软糯，毕竟失了娇憨可爱的风味。

苏州的味道，对于我这个北方人来说，确实偏甜。你看，就连粥，也堂而皇之的叫作"糖粥"。初时我不理解，后来才明白苏州糖粥是个特指，不是米粥加糖也。苏州糖粥就是红豆粥，但不是一起煮，红豆和粥分别而做，红豆做成流动的黏稠豆沙，粥盛入碗后才将红豆沙浇上去，有红云盖白雪之美。以前苏州在冬至日吃糖粥是个定例。这个风俗由来已久，据说至少延续了 1 600 多年，而冬至日食用糖粥还被认为可以预防瘟疫。南北朝时梁人宗懔在《岁时记》中说："共工氏有不才子，以冬至日死，为疫鬼，畏赤小豆，故冬至作粥以禳之。"

过去苏州卖糖粥的器具叫"骆驼担"，可把灶具、碗盘、食物全放在担子上。小贩一边挑着担一边敲着梆子，发出"笃笃笃"的声响，孩子们听见其声就知道"卖糖粥"的来了。民谚"笃笃笃，卖糖粥"。糖粥虽然简单，却能一眼判断出好坏。总的要求是米粒要开花，但不黏，要爽口，喝到嘴里既有黏稠不散的感觉，又不能附着在口腔上不爽快。

苏州的美，苏州的味道，是在沉静中的风情，不是现代化不好，而是现代则终将失去这种风情。这是一种选择，可问题是，没有了这种风情的苏州，还是苏州么？

一地风味

苏鲁川奥晋豫京

说说我熟悉的山西菜

云南的一位朋友，出差到山西去，问我山西尤其是太原有什么好菜。我在山西长大，大学又十分喜欢明清商业史，暑假时全家经常去五台山避暑，故而山西境内有影响的地区我去过不少，说到山西菜我也是侃侃而谈：山西菜注重火功，风味特点可以概括为"味重香咸、喜食酸醋、油厚色重、软嫩酥烂"。尤其是糖醋菜是一绝，因要用山西特有的老陈醋烹制，味鲜醇正，醋香悠长。山西菜由太原菜、晋南菜、晋北菜和上党菜四路地方风味组成，而以太原菜为主要代表。太原菜包括了祁县、太谷、寿阳、榆次等地的风味，吸收京、鲁、豫、沪、川等南北各地菜肴烹调之长，兼收并蓄，很有特点。朋友两眼放光地抢着问："那都有什么好吃的啊？"我一思索："有很多啊，比如羊杂割、头脑……"朋友接过去："不要小吃，来点大菜。"我说："那有面宴，山西面食甲天下……""你能不能说点菜啊？我不爱吃面。"朋友开始不满了。"山西菜，大菜有……"我脑袋转了七八圈，看着朋友说："山西菜有什么呢？"荞面灌肠、太谷饼上不了台面；糖醋四喜丸子也忒小家子气了；八碗八碟一般都是乔家人才会弄；认一力的饺子、双合成的糕饼、老鼠窟的元宵也不能当成正式的宴请啊。那山西菜有什么呢？

晚上回到家里，我看着老爸老妈很认真地问："山西菜有什么啊？"从吃晚饭到晚上睡觉一共6个小时，老两口一会蹦出一个菜来，我在旁边否定一个。羊杂割，我说过了；大烩菜，有点粗糙；拨鱼鱼、栲栳栳、擦饹斗，不行不行，都是面食……第二天一早，我还在迷迷糊糊刷牙呢，我妈过来很兴奋地说："过油肉啊！"吓得我差点没把漱口水喷出去。

别说，这一吓，我还真想起一些山西菜来。肉菜里有过油肉、北芪羊肉汤，水产里有糖醋鲤鱼，禽类里有香酥鸭子，菜蔬里有烧猴头。过油肉是山西菜里最常见的，可是做得好的过油肉就像做得好的回锅肉，无论身份贵贱，百吃不厌。

过油肉做法简单，先将瘦猪肉切小薄片，码味；然后加鸡蛋和少许湿淀粉，抓匀上浆；炒锅加油，烧至 6 成热，下入浆好的肉片，划散炒成金黄色时捞出；接着用剩下的油炒配料，配料主要是木耳和玉兰片，用葱、蒜片、姜末炝锅，放入已经过了油的肉片和玉兰片、木耳一起煽炒，加酱油、醋、盐和料酒，水淀粉勾薄芡收汁即可。别看过油肉简单，要想做好了其实不容易，里面有几个关键：一是要保证码味时间足够。通常把肉片加黄酱、花椒水、酱油拌匀腌渍 8 小时，中间还要翻拌几次，保证入味均匀，而且最好用手轻柔翻拌，用筷子就容易压迫肉片致失水变老。二是一定要注意油温，做过油肉，火候至为重要。油温若高了，肉片粘连，外焦内生；油温低了又易脱糊，肉片不够滑嫩。只有合适的火功才能保证肉片平整舒展、光滑利落、不干不硬、色泽金黄。三是一定要熟练掌握点醋的技巧。过油肉不以酸香见长，但是一定要借醋来除腥增香，醋要点的适时、适度、适量，操作时要掌握好时机。可惜，现在的餐馆谁还能真的做到"以味为先"？断断不肯下功夫码味的，反正各式调料来凑数就行了。另一方面，现在的厨师都是"速成班"出身，哪个肯真正的练好基本功？所以好的过油肉绝对是中国菜里的大熊猫，非寻觅一些国宝级的烹饪大师而不可得了。

北芪羊肉汤我就更是怀念了，因为北芪绝对是山西的特产，而且要选"正北芪"，就是北岳恒山之上所产的野生黄芪，也不用怎么整治，切片即可。和精选的羊肉块文火慢炖，火候足时自然绵烂酥软，浓香爽口，鲜美异常，而且绝对的大益身心。

山西虽然是内陆干旱省份，可是也有一段黄河故道。山西的黄河鲤鱼和别处不同，倒不追求什么四鳃，而是一定要紫尾金鳞，否则必不是山西河鲤，而且也不拘非要用一斤左右的小鱼，四五斤的大鱼整治得当照样味美鲜香。别忘了，山西最著名的老陈醋是做鱼的绝佳上品。所以虽然山西也喜葱油烧鲤鱼，但是我更喜欢的也更有山西特色的还是糖醋鲤鱼。做法也简单，将黄河鲤鱼洗净，两侧剖月牙花刀，用酱油、绍酒涂抹入味，挂蛋清糊，入油锅炸成金黄色，捞出浇糖醋汁即成。做好的糖醋鲤鱼色鲜味美，酸香扑鼻，外焦里嫩，肉嫩无腥。

山西的禽肉菜用到的鸭子，倒不像北京烤鸭那般肥硕，所以做法也不相同。山西香酥鸭，重在一个"酥"字，要先腌、后蒸、再炸，腌鸭料里也要按照比例配放多种中药性的香料：砂仁、豆蔻、良姜、陈皮、肉桂、大料、茴香、防风、白芷、甘草、槟榔、花椒、草果、厚朴、丁香，等等，不仅做好的鸭子香气扑鼻，而且可以达到三日回味、补益中气的效果。

菜蔬山西倒是真得少，品种也不多，否则就不会有享誉文坛的"山药蛋派"了。可是山西有座五台山，是中国最大的佛教道场，地位也最高，五座山台时有灵瀑飞雪，松烟香草，倒真是哺育出品质绝佳的好台蘑。我最喜欢叶斗峰出产的台蘑，往往得自雪松之上，味道妙不可言。这是山西比较有名的特产，其实山西还有另外一种菌类是绝对可以和台蘑媲美的，就是产自垣曲的猴头菌。旧时山西的富商大贾、封王大官常用好的酱油细细地把猴头菌蒸焖软烂，香味浓郁。

虽然最后用这些山西菜把我这"美食家"的脸面充起来了，可是也累得够呛。我在想：什么时候山西菜可以走出自己的特点，扬眉吐气，再不用我等这般冥思苦想、掘地三尺般地苦苦寻觅呢？

傣味包烧

我有个朋友是做云南菜的，开八条一号餐厅的小张。他来京学厨，学的是北京菜，所以餐厅里有卤煮火烧、肘子卷饼、芥末墩，等等。他又是剑川白族，所以也有薄荷烧牛肉、牛肉凉片、铜锅饭等云南菜。

北京很多人认为云南菜就是过桥米线、烤鱼、汽锅鸡、菠萝饭什么的，其实这些都是滇东南的菜，滇西北也有很多菜品。还有一些人把傣族菜等同于云南菜，一方面是因为北京早期的云南风味确实基本是傣味，另一方面是因为傣族菜确实有自己鲜明的特色和口味。北京早期知名的云南菜馆像是金孔雀、傣家村等，做的都是傣族菜。

傣族菜的味道是不管你喜不喜欢，吃过一次就很难忘。2007年的时候我去缅甸，挺喜欢这个国家。没有深入，只是在边境转了转，但是也了解了一些缅甸的风土人情。缅甸也许是我去过的最为矛盾的地方。我在缅甸，竟然还走的是史迪威公路，我对史迪威将军抱有良好的感情，但是走50多年前修好的公路真的是一个让人头疼的事情。可是，当我在缅甸走马观花转了一遭下来，才发现缅甸人可以用蜡烛、应急灯和自家的发电机度过黑夜，但他们用最温暖、最美丽的灯光照亮佛塔。缅甸人过着简单质朴甚至贫困的日子，却从不吝惜用纯金建造庙堂。

为我开车的司机，买了一辆很便宜的日本车，其实就是日本报废的车运到缅甸来赚最后一笔钱。车上的仪表全部不运转，但是他仍然把车开得飞快，快乐中充满满足。缅甸虽然是世界上最贫困的国家之一，但是缅甸有三样国宝却是让多少世人惊羡。缅甸是翡翠的故乡，盛产神奇的化石——树化玉，也有质量颇高的好木材——柚木。很多第二次世界大战时期的铁桥桥面用柚木铺就，至今仍然平整实用。可是缅甸人好像对于修路、盖房没有更高的热情，街道上黄土蔽日，房子以竹篾为墙，然而，高耸入天的佛像，金光闪闪的佛寺，以更为悲天悯人的目光注视着这个动荡却始终佛法昌盛的国度。

那几日在缅甸用餐，基本没怎么吃饱过。后来回到瑞丽，第一顿饭就立志要胡吃海塞，想了一会，决定吃包烧。包烧，顾名思义包着烧，用芭蕉叶包裹着食材，使用烧烤的烹饪方式。我是从事餐饮业的，餐饮业一直令人头疼的问题之一是我们有很多不直接创造价值的岗位，又必须保留，例如洗碗、收餐具。如果没有餐具，自然就没有收拾和洗碗这个环节了。后来北京城开过几家"水货"餐厅，就是烧烤海鲜类的东西，都不提供餐具，将烤好的东西往环保纸上一倒，发给顾客一次性手套，大家动手撕着吃，也成为一时风头很劲的品牌。包烧其实就是很环保的啊，没有餐具洗涤，可是味道很好。

包烧看似简单，其实越简单的东西有时候越挑技术，包烧好吃与否，顾客会用脚投票。瑞丽大大小小的包烧摊子，有的门庭若市，有的门可罗雀。包烧可以烧烤蔬菜类的，常见的有瓜尖、竹笋、豆腐；也可以烤肉类的，常见的有鱼、虾、牛肉、猪脸等。烤蔬菜类的，一般加野香菜、青辣椒、鲜姜、大蒜，等等；烤牛羊肉类的，一般切末或切块，加入各种调料用叶子包裹以后在火上烤；烤鱼类的，可以整条裹着芭蕉叶烤，也可以用竹篾将其捆绑后烧熟。这样被包裹的食材，营养物质不易流失，吃起来鲜、淳、香、辣，有青辣椒的清气、野香菜的馨香，口感十分丰富。

老北京的几样家常吃食

老北京留下来的吃食其实挺多的，不过家常常吃的往往是爆肚、炒疙瘩、门钉烧饼，常喝的是面茶和豆汁儿。

爆肚，这字挺火爆的，不过真不是用油，是用水爆的。水怎么能爆呢？我却觉得，爆肚精妙就精妙在这里。中国菜讲究"水火之变"，日本人不甘示弱，觉得日本料理也不含糊，说中国菜是火之艺术，日本菜是水之料理。

日本料理运用"水"确实是十分精妙。同一种食材的含水量的比例变化，决定了这种食材烹饪的水准和结果。我认识的一位日本料理大师，他做一道简简单单的烤多春鱼，味道精妙无比。他研究多春鱼研究了十几年，头部的厚度、腹部的厚度、背部的厚度，含水量都是多少，烤的时候用什么手法，所以你觉得很奇怪，为什么一条鱼身体上薄厚不同，在同一个火上烤出来却每个部分味道差不多，这是日本人对水的了解之功力。同样的，还有日本料理中的汤，我也是很佩服啊。一片昆布、一块豆腐、几片木鱼花，怎么熬制出来的汤那么鲜美？我的朋友说，昆布怎么切、豆腐何时放、木鱼花在汤中涮几秒钟，这个都有讲究，这也是日本料理的细致之处啊。

可是，你让他们做个爆肚试试！我估计是完全不行。爆肚那也是有我们自己的讲究的。先说肚。这个肚是羊肚，应该读三声。三声指的是羊的胃，四声的话指的是羊身上中间那么好大一块儿，估计不能算小吃，怎么也是个类似手抓羊肉之类的名菜。然后是爆。完全用水，实际上是氽，但比氽讲究，因为你爆的时间长，羊肚就艮了，吃起来和嚼橡皮筋一样，你爆的时间不够，温度也低，那么羊肚不够脆嫩。对，爆肚就吃这么一种脆嫩劲，一口就咬断，然而还有嚼头。这不是一般人能掌握的手底功夫。

爆好了肚，还得有蘸料。主要是芝麻酱，调开了，再加上香菜末，酱豆腐汁、酱油、葱花、辣椒油，齐了没？没，告诉您一个秘诀，必须弄点卤虾油，少了这个，您怎么吃都觉得少点什么味儿。

炒疙瘩也是快手菜，家常吃就图个菜饭两方便。说起来简单，但是炒疙瘩的历史挺长。民国初年，北京宣武区虎坊桥东北的臧家桥，开了一家名叫广福馆的面食铺，店主姓穆，只有母女俩人，供应面食均为低廉品种。一天几位常客对母女俩说："面条都吃腻了，能否改一个吃法？"母女俩照顾客要求，将面揪成疙瘩煮熟后捞出拌虾酱吃，觉得不够味儿，又炒着吃，味道果然不同。炒疙瘩由此初步形成。此后母女俩精心制作，并在配料上进行改进，终于使炒疙瘩名声大振。

现在做炒疙瘩，都用上等面粉，加水和匀，揉成面团切开，面要硬一些，这样煮好了吃的时候才有劲。把面团搓成直径为黄豆粗的长条后，再用手揪成黄豆般大小的圆疙瘩，倒入沸水中煮，开锅后点一次水，要时常搅拌防止粘连。煮熟后随即捞出，放入凉水中浸泡。

把菠菜、胡萝卜、五花肉等切成小丁，入油锅，加上葱、姜、蒜炒出香味后放酱油，然后加入面疙瘩继续翻炒，起锅前加盐和青蒜段即可。一般炒疙瘩菜和面的比例一般是 2：3。

以前的炒疙瘩讲究的是选用牛肉，也不是切丁而是切丝，再根据不同季节配上蒜黄、菠菜、黄瓜丁、青豆等同炒，出锅装盘，虽然不是贵重的吃食，可是黄绿相间，疙瘩油润，香气扑鼻，亦菜亦饭。我倒觉得挺适合上班而又自己开火一族。

如果想吃包点类的，又要有肉过瘾，门钉烧饼是首选，老北京往往简称"门钉"。大家都见过门钉吧？古城城门上常见。别小看门钉，据说门钉源自墨子所说的"涿弋"，长二寸，见一寸，即钉入门板一寸左右。当初用来提防敌人用火攻城，所以在涿弋上涂满了泥，起防火作用。除此之外，到了后来，门钉主要是表现等级之用。清朝时，省级衙门的门钉是七横七纵，亲王府的大门门钉是七横九纵，而能使用至阳之数、九横九纵的，只有皇宫的大门和孔庙的大门。从这一点也能看出孔圣人的历史地位。

说了半天门钉，其实是为了说烧饼。门钉烧饼，顾名思义，是形状和门钉类似的馅饼。门钉肉饼是牛肉馅，制作讲究。咱们先和面。要用开水烫面然后揉匀，盖上湿布放在一边饧 2 个小时左右。然后做馅。将牛肉馅加上盐、生抽、料酒、香油、白砂糖、油、豆蔻粉、花椒粉，然后顺着一个方向搅打上劲，加入剁碎的葱和生姜末，继续搅拌均匀，最后在表面撒上切碎的大葱末。饧好的面揪成小剂子，用擀面杖擀成圆片，放入一大勺馅料，包好压扁，成为直径五六厘米、高两三厘米的圆饼。饼铛中倒入适量油，烧至六七成热时，将肉饼放入锅中，加盖慢火煎。一面煎黄后，翻至另外一面继续煎至金黄即可出锅。

别小看门钉肉饼，连那个吃惯了山珍海味的慈禧都好这一口儿。煎好的门钉肉饼泛着油光，热气腾腾的特别诱人。倒是应该趁热吃，冷了里面的牛油凝固了，口感就差很多了。不过您可别一大口咬下去，汤汁迸射出来若碰着你的皮肤绝对能弄个二级烧伤。学我，先咬个小口，把醋汤子倒进去，吹吹，咱再大口吃。

老北京家常喝的，豆汁儿是独一份儿，其他地方没有。豆汁儿不是豆浆，但是头回听说的人往往弄混。我一朋友是安徽人，在北京工作多年，有次我们约在个小店聊天，我要了门钉肉饼和豆汁儿，他要的是卤煮火烧，听我一点菜，他马上接一句："给我也来一碗。"我还挺奇怪，豆汁儿他也能喝？结果豆汁儿一上来，我滋溜溜地喝了好几口，他也端起来就喝，喝了一口狐疑地看着我。见我没什么反应，他一扭头冲着店家喊："老板，你的豆浆馊了！"

但是别说，豆汁儿还真是有点馊味的，通俗点说，一股臭脚丫子味。这和豆汁儿的制作方式有关系。豆汁儿是用绿豆粉条的下脚料发酵而成的，你说能不酸臭？煮好的豆汁儿，不稀不稠，颜色灰绿，老远都透着一股酸臭味，可是好这一口的，那也是老远就眼巴巴瞅着，嘴里流着哈喇子。

喝豆汁儿，一定要配辣咸菜丝儿，一般要配焦圈。咸菜丝我看着好像是用酱腌的芥菜疙瘩加了辣椒；焦圈实际上是炸成小圈状的馓子。焦圈可以直接吃，也可以搓碎了放在豆汁儿里一起吃。不过这种搭配是经过几百年的实践验证的，应该是最佳组合。

《城南旧事》的作者、女作家林海音后来从台湾来大陆访友，专门要求要喝小时候常喝的豆汁儿。老太太一口气喝了3碗，歇口气，琢磨琢磨，又喝了3碗，不仅她自己不好意思了，负责接待的大陆作家邓友梅心里直犯嘀咕："这样喝下去，不会把老太太喝坏了吧？"由此趣事，可见豆汁儿的魅力。所以甭管你爱喝不爱喝，到了北京，只要你没喝过豆汁儿，我都建议您来一碗，也许这才是真实的老北京。

喝的除了豆汁儿，老北京人也常喝面茶。面茶是用糜子面做的。糜子面我们山西人很熟悉，我们爱吃的山西炸糕就用的是糜子面。东北的黏豆包，皮也用的是糜子面。

糜子的历史很悠久，它在古代叫作黍或者稷。别看它形状和小米很像，不过做成食物后非常黏，我们小的时候也用它和大米做二米饭吃。

说了半天糜子，这老北京用糜子面做的小吃是面茶。面茶不是茶，只是做好后颜色远远看着像是茶汤，又是用面做的，所以叫面茶。做面茶要把糜子面加上水，调成稀糊状。锅中倒入水，烧沸后，倒入调好的糜子面糊。再次煮沸后，转小火，煮约15分钟，其间需不断搅拌。煮至自己喜欢的稀稠度，关火。把花椒、芝麻和盐放入锅中，干焙出香味，取出用擀面杖擀碎。拌好芝麻酱，不要太稠。把糜子面糊盛入碗中，在表面倒上一层芝麻酱，再撒上芝麻椒盐，就可以吃了。

听说以前也有人吃甜口的，用桂花熬麦芽糖浇在糜子面糊上，今天已经基本看不到这种做法了。

吃面茶讲究的老北京人，不用筷子不用勺，碗略倾斜，用嘴沿着碗边一吸溜，嘴里自然有一口麻酱一口面糊，喝完了，碗里干净麻利。我曾经试过，前几口可以，后几口都巴在碗底。我觉得不是我的问题，是现在的面茶估计已经和那时候不一样了。我也听见有人说老北京面茶里要放牛骨髓油的，我估计不是，是把老北京油茶炒面和面茶弄混了。

河南老字号的几样美食

说起老字号，大多让人无奈。一是有的老字号产品不能与时俱进，常听到的说法是："我们这是慈禧老佛爷喜欢的。"她老人家喜欢的都是甜的腻死人、油得往下滴的菜，我是不喜欢；二是有的老字号服务还是很"国营"，不论什么脸型，一律拉成板砖状，实在是无福消受。所以，造成老字号今天举步维艰的局面，大部分还是老字号自身的毛病。

我去葛记焖饼之前完全是抱有怀念的态度，郑州的"老三记"之一啊——合记烩面、蔡记蒸饺、葛记焖饼。去的是葛记焖饼黄河路店，还是很喜庆的传统雕梁门头，一挑绣花门帘，先迎来一个管理人员，满面堆笑，热情招呼"里面请"。一进屋，呵，这人还真是多。不习惯看桌面上压着的菜单，服务员主动送了本菜单过来。我们点菜，绝对都是往传统上招呼，原味焖饼、牛肉焖饼那是肯定的，再来一品酱包鸭、丝瓜面筋汤、酸菜鸭血、香菜拌桃仁，再来一碗红豆粥。

先来的是拌桃仁，桃仁量给的实在，食材质量很好，口味也很清淡。接着来的是面筋，连汤带水，丝瓜也很清香；味重的在后面。酸菜鸭血里的酸菜味道很正，白菜丝还带着一丝脆嫩，可是酸得恰到好处，酸里透着香。我很喜欢酱包鸭。仍然是河南传统的喜饼，用油炸了分成两片，用来夹酱香浓郁的鸭肉丁，里面还有不少松仁，香啊。

主角登场了。按照传统的做法，焖饼是先用五花肉块，加入各种香料，在坛子里红烧，然后取出加上青菜打底，再把烙好的饼切成帘子棍条，一块焖制而成。用郑州朋友的话就是："你要吃葛记焖饼？那得特别饿，吃完了晚上就别吃饭了。"可见传统的葛记焖饼是很油腻的。实际上我们吃到的葛记焖饼并不很油腻，店家也在按照现代人的口味进行改良。给我印象最好的是牛肉焖饼，牛肉软烂而不散，香气浓郁，饼焖的软硬适中，口感香软，让我连连举箸。

饭后一碗红豆粥，虽然有点过甜，然而红豆颗颗外形饱满，里面却已经化开成沙，勾芡浓度合适，既有滑顺的口感，又有绵沙的质感。仿若好戏结束，仍有余音，袅袅不绝。

郑州还有个老字号，是我每天基本都要去光顾的，就是"方中山"。方中山其实只有 20 多年的历史，但是糊辣汤是真好喝。早早地去吃胡辣汤，未进大门，就看见人头攒动。江湖之中卧虎藏龙，别小觑糊辣汤，此小吃打遍中原无敌手，在早餐中点击率最高。糊辣汤顾名思义，糊乃糊状，辣源于胡椒，汤则里面必有其他配料。中国人的胡椒，大约在唐朝时期传入，唐时国都位于陕西，所以我在西安也见过类似糊辣汤的吃法。而中原地区大量的食用胡椒我觉得可能还要晚很多，因为在宋代流传甚广的《太平惠民和剂局方》里记载了在食物里加入辛温香燥药物来疏肝醒脾，可以看出，胡椒之类仍然多被当作药物看待。那么我想，金元时期可能是胡辣汤的肇始。

金元的统治者皆为草原部族，喜食牛羊肉，要想克化牛羊之味，必然要借助胡椒等香料。而随后的王朝，明朝帝王信奉回教，清朝帝王来自关外，也喜食牛羊肉，因此糊辣汤大概得以大行其道，绵延几百年而不衰。

现如今的糊辣汤，大多以羊骨头敲碎长时间熬汤为底，之后过滤，加入粉条、面筋、金针、木耳、羊凹腰等，还可以加海带丝、牛肉丁、榨菜、土豆丁、丸子、白菜，等等，理论上可以达到无所不加之境界。快熟时调入淀粉勾芡，放入胡椒粉、花生仁、花椒、茴香、酱油、精盐调味即成。喝起来咸香浓稠，胡椒辛辣，可以配葱花油饼、牛肉盒子同食。也有的河南人喜欢一碗内放半碗糊辣汤、半碗豆腐脑，谓之"两掺"。

漯河北舞渡的糊辣汤还要加30多种中药材熬制，周口逍遥镇的糊辣汤用洗面筋水勾芡，开封的糊辣汤还会加点菠菜，南洋的糊辣汤要使用粉皮而不用粉条，汝州的糊辣汤还有金黄的蛋皮丝，开封的糊辣汤要配了炸好的"油馍头"来吃，如此等等诸派，各有特色，然而总归一个掌门，叫作"糊辣汤"是也。

郑州老三记里还有个做烩面的，就是"合记"。"烩"是一种在中国菜里应用比较多的技法，一般是指把原料略炒而又有汤汁或者勾芡的方法。烩面，和炒面的不同也就在这里，炒面是没有汤汁的，而烩面一定有汤汁，只是多少不同而已。大部分地区的烩面汤汁都比较少，只有河南烩面是宽汤的。

河南烩面是宽面条，一般也比较厚，所以很筋道。郑州号称"烩面之城"，可见烩面在郑州是常见的一种小吃。河南是中原粮仓，面食比较出众不在话下，不过我以前不知道，郑州居然有那么多的羊汤烩面。我以前觉得中原地区应该是不怎么寒冷的，果真去了郑州发现民宅里基本没有暖气，而我一直以为，爱吃羊肉是我们北方民众的习惯，但即使是我们，夏天是不吃羊肉的，担心上火。而郑州，居然一年四季都吃羊肉烩面，我很奇怪。后来发现，郑州其实夏天比我们北方更热，冬天比我们也暖和不到哪里去，似乎有所理解。

郑州烩面倒不仅仅是羊汤，也有很多是三鲜烩面，也有牛肉汤烩面。合记羊肉烩面，选用上好鲜羊肉，反复浸泡去血水，然后下锅煮，不断地撇出血沫，加上大料、豆蔻、砂仁、盐等煮到烂熟。另用精白面粉，兑入适量盐、碱和成软面，这样面条筋道不容易断裂。然后反复揉搓，面团才能上劲，之后擀成大圆面片，切成宽面条。下面要用原汁肉汤加水，再把宽面条抻拉一下入锅，煮好后放上羊肉片，配以黄花菜、木耳、粉条等。上桌时外带香菜、辣椒油、糖蒜等小碟。

但是每个人有每个人的口味，你要问郑州人哪里的烩面最好吃，估计你问10个人会有10个去处。不过也好，10个地方一家一家的吃开去，你会发现自己原来也是品尝烩面的专家。

后来我也到郑州以外的城市溜达，去了开封和许昌。开封也有老字号，我去了"黄家包子"。他们的包子确实皮薄汤汁多，咬一口鲜美得不得了。而且在开封吃包子，有个挺北方的搭配——喝鸡蛋汤。这个其实是蛋花汤，有点紫菜，勾个薄芡，让我很怀念小时候吃的早餐。不过我更中意他们家的炒红薯泥。为什么最喜欢吃这个？因为原材料简单，红薯又是好东西，最关键的，这个其实是很考验厨师功力的一道小吃。如果厨师做得好，色香味俱全；如果厨师水平不行，行业里通俗的话讲"怂厨子怕旺火"，那么不仅炒不好，还很有可能巴锅。

炒红薯泥据说是由河南杞县大同饭庄的厨师蒋世奇始创于民国初年，但也有说法是宋朝宫廷特点。因为保温性良好，要在祁县炒好快马送入开封皇宫，仍能热气腾腾、甜美无比。

不管怎么说，大家都承认炒红薯泥源于河南杞县。这个杞县其实挺有名的，就是"杞人忧天"故事发生的地方。从前在杞国（现杞县），有一个人突然想到："如果天是很厚的气积聚而成，那么太阳、月亮和星星不会掉下来吗？"从此以后，他几乎每天为这个问题发愁、烦恼，无论别人怎么劝导，他仍然时常为这个不必要的问题担忧。我倒是觉得炒好红薯泥比这个天要不要塌的问题复杂很多。

炒红薯泥当然要先整治红薯。把红薯洗净去皮，上笼用大火蒸熟，捣碎成泥。锅内放猪油，将红薯泥、白糖、糖桂花放入，加少许开水，边炒边用勺子搅拌。炒制时候用中火，以免白糖受热不均匀而糊化影响口感和色泽。等到白糖溶化，白糖、糖桂花、猪油、红薯泥充分融合，并且不粘锅、不粘勺时，撒入炒过的芝麻、葵花籽、核桃仁碎、青红丝即可装盘。

炒红薯泥味道很甜，颜色根据选用的红薯的颜色不同，有橙黄的也有红紫的。不过味道都是甜软绵香，令人回味。不过好东西不能多吃，炒红薯泥的含糖量是很高的，其实最好是不放糖自己做，对身体最健康。

在许昌，我爱的是"海三包子"。海三是老板的称呼，估计姓海的老板在家排行老三，也说明了这是清真小吃。包子其实是水煎包，当然给我第一印象特别深的是，海三包子是三角形的。而在我们北方，三角形的一般是糖馅包子，牛肉馅的起码我没见过。

等到这包子一上来，外皮白里带着韧劲儿，色泽鲜艳，外焦里嫩，油光光的，我觉得靠谱。再看水煎的那层浆底，整齐成片，焦脆金黄，这说明火功掌握得不错。赶紧吃一口，馅的牛肉味道特别浓，调的滋味香美融合，肉质很好，说明老板舍得用料，肉汁也很多，这一口下去，嘴里都是鲜美的味道。

后来和店家聊天，才知道海三水煎包始于 20 世纪 60 年代，采用回族民间独特的烹饪技艺，精心制作而成。因为色、香、味、形俱佳，在 20 世纪 80 年代曾经风靡许昌的著名商业步行街——奎楼街。现在主理的师傅是海家第二代传人海三（我果真猜得不错），海师傅在继承前辈传统特色的基础上，不断挖掘创新，尤其在制作工艺方面取百家之长，选用的馅肉全都是优质新鲜的小肥羊、小肥牛，合理搭配，再加入各种天然调味料，面皮采用人工发面，制成的水煎包，果真味美。30 年前就已经成为许昌地方名吃，2003 年又被评为"河南名吃"，2005 年成为中原名小吃，而现在已经是"中国名小吃"。

你看，真的是不能小看中国的小吃，你随便聊聊，都能发现背后很多的历史故事，也才更加相信，民间美食都是大隐隐于世的。

潮汕的两道糖水

我是山西人，生长在黄土高原，可是却挺喜欢潮汕的饮食，这是个挺奇怪的事。后来朋友说：能吃的有你不喜欢的么？我还是解释了一下：槟榔吃不来哦，然后狗肉、驴肉、马肉、鹿肉不吃。

话说回来。潮汕的很多东西我都爱吃，比如蚝烙、牛肉丸、萝卜糕，等等，后来又发现了几道糖水，尤其喜欢清心丸和绿豆畔。不过，得先说清楚"潮汕"。我很少说"潮州"，通常说"潮汕"这个词。

广义的潮州，也就是历史上的潮州，此定义已有上千年历史，主要包括现在的潮州市、汕头市、揭阳市以及丰顺县等。共同的生活习惯，共同的民风民俗，共同的文化背景，共同的语言环境，共同的价值取向，共同拥有了潮州人的称谓。但是目前行政区域上的潮州市，是在 1991 年 12 月将原来的副地级市升格的。作为地级市，潮州现在管辖潮安区、饶平县、湘桥区和枫溪区。湘桥区也就是通常民间称呼的府城、潮州城。但是，无论是国内还是海外，关于潮州的概念，还是倾向于广义的潮州，甚至就是广义的潮州。因为很多东西是没办法按照土地行政区划来分开的。

潮汕把用米粉、面粉、薯粉等淀粉类加工制成的食品，都称"粿"。清心丸就是其中的一种"粿"，它用的原材料是城鹅粉。这个词我基本记不住，照我的习惯来说我一般叫鹅城粉。城鹅粉是一种植物淀粉，别名也叫江西薯粉。我没见到怎么做的，问了一下，大体就是城鹅粉用开水烫，反复揉搓，最后搓成长圆条，然后切成一小段一小段的，就可以煮了。因为清心丸本身没什么味道，所以水里要加点白糖。煮沸后，再将已做成的清心丸倒进锅里，然后稍等一会，加入少许的水淀粉一起煮熟。这样，煮好的清心丸不仅不会下沉于锅底，而且晶莹透亮，吃起来韧中带有弹性，既清甜又止渴。这种可以清心的感觉就是它名字的来历。

清心丸在潮汕基本不单独吃，通常加汤圆、马蹄、山药等东西一起煮着吃，也有人爱加绿豆畔，不过，我喜欢单独吃绿豆畔。

什么是"畔"呢？反正潮汕人把磨成两半的绿豆叫作畔。而且绿豆畔和绿豆沙的追求不一样，绿豆沙要粉粉的、黏稠的，绿豆畔追求清、爽。绿豆畔不要绿豆壳，只要一畔畔淡黄的绿豆畔，沥去水分后要放入蒸笼里蒸熟，便可下锅煮了。

煮绿豆畔和煮清心丸类似，水里要加适量的白糖，煮沸后，同样需要将适量的水淀粉慢慢地调入到煮沸的白糖水中，煮成极稀的糊状，再加入蒸熟的绿豆畔，并反复搅拌均匀。但是水淀粉不能太多，否则会变成黏稠的糊糊，这样就不清爽了。绿豆畔也可以加百合、薏米等一起煮，不过我喜欢的是单纯的绿豆畔，煮好后加一些陈皮糖水，撒点干桂花，花香浓郁中，甜美爽口，还无负担，真是极好的。

元气谷物

饵丝饵块：云南早餐的念想

在云南大理厝居几年，从开始的不熟悉到熟悉，再回想起来仿佛模糊了记忆——人是个有意思的认知体，当遇到不明白的事物时，往往会条分缕析地弄清每一个细节，等似乎已经清楚了，就会只保留一个印象，从工笔变成写意派。我对云南的记忆就是一个个的印象，往往只保留了最突出的部分。对于晚餐吃得比较少的我来说，早餐绝不是可有可无的，虽不至于炒几个菜来吃，但是绝对要吃点合心意的。印象里，云南的早餐有破酥包子、面条、油条等，但是要说特色，饵丝饵块绝对是头一份儿的。

喜欢米线的和喜欢饵丝的绝对是两个队伍：米线滑而易断，饵丝软糯有韧性，质感差别还是挺大的。而我是坚定的"饵丝派"。不过，对于北方人来说，听到"饵丝"这个词，其实首先想到的是凉拌猪耳朵丝，这道菜在北方被简称为"耳丝"。而饵丝来源于饵块，都是比较古老的食品了。饵，《说文解字》中说：粉饼也。其实在古代中国，泛指一切淀粉类食品，比如饺子也被叫作"汤饵"。若再细分，面类制品为饼，米类制品为饵。饵块其实就是大米春成的薄圆饼子，把饵块制成丝或者直接用大米粉做成面条状的长丝，就是饵丝了。

饵丝也许是世界上我唯一一种吃不腻的东西了。它符合我对食物的质感需求——喜欢一切黏糯的质感。而饵丝的吃法多种多样，也满足了我的口味需求。饵丝可以煮、可以炒、可以蒸，各有特点也各有擅长之所。炒饵丝里面一定要有云南的酸腌菜，才会有云南的味道。酸腌菜是用云南苦青菜腌制而成，各家的味道都不一样。很多时候，我们都是冲着谁家的酸腌菜好吃，给的量足而去吃饭的。炒饵丝里有酸腌菜的小丁，高温炒过后，香气更足，吃在嘴里，那种酸爽的味道，忽忽悠悠地飘进五脏六腑，让我浑身都那么舒服。

煮的饵丝最好吃的是巍山炤肉饵丝。巍山炤肉确有其独特的味道，是选取刚刚宰杀的新鲜猪后腿、肘子、腹部的三线肉，肥瘦相间，不柴不腻，在栗炭火上用猛火将外表烧焦，然后放进温水里浸泡一下后再将烧煳的毛渣刮洗干净，现出金黄透白的皮色后，放入大的砂锅中，加适量草果、云腿、本地阉鸡肉，用文武两火煮炖。经过一天一夜，肉烂味浓，奇香扑鼻。写到这里，我眼前仿佛都出现了一大碗巍山炒肉饵丝，炒肉香浓，饵丝白滑，配了干焙的辣椒面、香葱花、大蒜汁，真的是满嘴流涎。腾冲还别有一种细饵丝，不需要煮开，只在滚汤里一烫便熟了，很是方便，味道也很不错。

如果在大理，我还会去吃"双桥园"的卤饵丝。昆明人认"桥香园"，我尝过，还是觉得双桥园的更好吃。双桥园有很多饵丝的吃法，很有特色的是臭豆腐饵丝。这个臭豆腐不是北京王致和的那种臭豆腐，王致和臭豆腐是青方，有青霉在里面，故而是发青的颜色。大理的臭豆腐只是较浅的发酵，豆腐有臭味，吃起来黏黏糊糊的，但是没有王致和的那么臭。臭豆腐和肉汤一起煮再加上饵丝就是臭豆腐饵丝了，一样的，爱吃的爱死，不爱的正眼都不瞧一下。更受大众普遍欢迎的是卤饵丝。卤饵丝的味道比煮的更浓郁，我想是因为不带汤。和同样不带汤的炒饵丝的区别就在于饵丝要用肉汤卤一下，把肉汁收到饵丝里，然后再加入油、鲜肉末、韭菜、甜咸酱油等佐料，就可以出锅了。吃卤饵丝要自己先仔细拌和均匀，一来怕黏在一起，二来味道更调和。拌好的卤饵丝色泽就带了酱油色，引人食欲，味道很香浓，香、鲜、甜、咸、辣、烫会胀满了你的味觉，让你觉得原来人生得意须尽欢，尽欢就吃卤饵丝。

回到饵丝的前身，说说饵块。我第一次听说这个名字，是在初中的时候看艾芜先生写的《南行记》。艾芜于1925年、1961年、1981年先后三次南行，纵跨半个多世纪。南行也许是他的一个情结吧。艾芜在他的《漂泊杂记》中说："一提到漂泊，却依旧心神向往，觉得那是人生最销魂的事。"在《南行记续篇》后记中又写道："南行过的地方，一回忆起来，就历历在目，遇见的人和事，还火热地留在我心里"，"我始终以为南行是我的大学，接受了许多社会教育和人生哲学，我写《南行记》第一篇的时候，所以标题就是《人生哲学的一课》。不是旅行，更非旅游，而是一个青年的'致青春'、一个老人的'致人生'。"而早期的那次南行，尤为让人难忘，因为伴随着苦难的阴霾。艾芜他在《我的旅伴》中写道："这时正是1927年春末，前夜在腾越城外息店，被窝厚厚的，还感到寒冷，而来到干崖土司管辖的傣族坝子，天气却像五六月一般炎热。头上的天空，蓝闪闪的，面前的原野，迷蒙着热雾。我知道我已经走进热带了。"傣家人常把大青树下的绿荫作为天然的集贸市场，村头寨尾路口的大青树下经常可以看到傣家人在那里摆摊设点，卖一些热带水果或傣家风味食品。每当艾芜筋疲力尽、饥肠辘辘之时，忽然看到前面有大青树，隐隐飘来香味，于是加快脚步，上前摸出几文钱来，买上一块烤饵块匆匆吃下。歇息一会儿，又抬脚前行。我想，这苦难之中，也许烤饵块曾经给他难得的一丝抚慰。

烤饵块常吃的也是咸口的。一个圆形的大米粉薄饼，放在炭火盆的篦子上烘烤，有的地方出现焦斑，整体变软，就可以在里面抹一层辣酱，撒上酸腌菜和熟的土豆丝，也可以加一根老油条，裹好后往塑料袋里一装，就可以边走边吃了。甜口的烤饵块也有，同样烤好了，里面涂上玫瑰花糖酱，撒上花生碎，照样裹好也就做得了。

糌粑与酥油茶

我信奉佛教，先是修习藏传佛教宁玛派，后来又记名禅宗沩仰宗。这个信仰其实和我最终吃素是一样的，自然而然，随顺而已。对于西藏文化，我天生有亲近之感，而禅宗比较考校文字功底，我喜欢古汉语，便也有了一点缘分。不论藏传、汉传，都是佛教，佛法本是一如，区别只在人心。我比一般的藏传佛教徒理论知识多，比一般的汉传佛教徒更了解藏传的仪轨，因而也便容易说大话。其实我心里明白，修行修行，修重要，更重要的是在"行"啊。

一次我去云南鸡足山，那里是摩诃迦叶的道场，也是佛教第五名山，迦叶是禅宗的第一祖，但是实际上禅宗是大密宗的一种修行方式，故而鸡足山也是藏传佛教的名山。在山上我看到一位僧人，觉得彼此有缘，聊了几句，原来是四川的僧人在此挂单，结果觉得清净就一直留在这里，已经待了几年。上山途中我在山腰的小庙看见正在独自诵经的僧人便是他，怪不得觉得面熟。我称赞他几十年如一日的修行，他淡淡一笑："做了些功课，但不是修行。修了就是修了，没修就是没修。"说完就离开了，在山路上行走的速度很快，我才一转念，就只看见他那随着山风飘飞的衣角。这对话我回想起来记忆犹新，估计当时芒刺在背，羞愧得汗如雨下。

我才是没有修行的不肖弟子啊，如此刚强难以调伏的内心。不过好像唯一改变的，是对藏族饮食习惯的接受。我爱喝酥油茶、青稞酒，还有藏式酸奶，也吃奶渣子、糌粑和牦牛肉。而我第一次进藏的时候，最令我感动的也是酥油茶，现在吃素了，仿佛也只能吃糌粑、喝酥油茶了。

我第一次进藏选择了川藏线，据说，那是进藏最美的一条线路。我们5个从网上约好的驴友在成都会合，租了一辆切诺基就出发了。司机已经多次走过这条路线，然而在然乌，我们走反了方向，事后才知道我们去了雅则村，而计划中的来古村在来古冰川的另一面。从一开始发现新天地的兴奋，到天色渐晚、体力渐亏时的茫然，每个人内心都开始升起恐惧。我站在茫茫草场上茫然四顾，唯有向我的本尊金刚萨埵祈祷，大声地诵念相传了几千年的咒语。从对面的山上飞出一只鹰，在我的头顶上盘旋然后向远方飞去，我决定跟着神鹰而走，就这样我来到了雅则村。说是村子，只有两户人家，是在这里修路的。我问招呼我的藏族年轻人姓名，他们平常是不怎么接触外界的，故而露出羞涩的笑，在烟盒纸上写下了"卜住"两个字。卜住家的生活是清苦的，这很容易看出，然而他便请我喝酥油茶。

酥油茶要先煮好砖茶，然后倒在"董莫"（打茶桶）里加上酥油、奶粉、盐使劲地抽提，这样茶水和酥油才能完全的融合。酥油是类似黄油的一种乳制品，是从牛奶、羊奶中提炼

出的脂肪。藏区人民最喜食牦牛产的酥油。产于夏秋两季的牦牛酥油，色泽鲜黄，味道香甜，口感极佳，冬季的则呈淡黄色。羊奶酥油的香气和口感都差很多，故而也不多见。酥油是一种高热量的食物，和砖茶是最佳搭配，酥油茶既能迅速的补充能量，也不会腻口。

卜住打酥油茶的时候，我注意到一个细节——他拿出的酥油袋里一共只有两小块酥油了，他先放了一块，略微踟蹰了一下，把剩下所有的酥油都放了进去。酥油茶打好了，卜住去隔壁屋子拿了新碗，那碗还是用麻绳捆着的一摞。这次喝到的酥油茶，色泽淡褐，香气特别浓郁，表面浮着油花，喝起来咸香、顺滑、油润，越到后来砖茶的味道越突出，是我喝到的最好喝的酥油茶。我估计我和卜住是真正的一面之缘，前面未曾相遇，后面也不再见，然而，每当我有机会喝到酥油茶，我都会为我只见过一面的藏族兄弟祈祷，愿他最终回到佛的净土，永远闻到莲花的清香。

酥油茶也有一个绝配，就是糌粑。糌粑是藏语"炒面"的音译，这个炒面在藏区当然是青稞炒面。所以，糌粑不是像没有去过藏区的人理解的那样是一小团，揉好的糌粑标准的称呼是"糌粑坨坨"。揉糌粑是个技术活，可以在碗里放入酥油，加上热茶水，再倒入糌粑粉一起和，也可以事先做好酥油茶，倒在碗里加上糌粑粉一起和。揉糌粑往往是左手拿碗转圈，右手五指配合在碗里揉面，最后揉好后，碗里干干净净，手指上也干干净净。我始终掌握不好这个技术，基本就是揉一会开始逐个舔手指。所以我一般都等着朋友揉好，我直接吃糌粑坨坨。糌粑坨坨可以蘸白砂糖吃，也可以蘸藏区特别的生牛肉辣酱吃。不过吃到最后，总能感受到青稞特有的清香。

台湾有种小吃叫"棺材板"

2017 年北京的冬天并不比往年寒冷，仿佛也没有特别萧瑟。没能挺过 12 月的最后几日，我姥爷的生命之灯在燃烧了 96 年后，缓缓地熄灭了。其实妈妈、舅舅、哥哥和我都有心理准备，那年很多时候和姥爷说话，说不了几句，大部分时间他都陷入沉默，终日望向窗外或者屋内不特定的某一个点，长久的停驻。我能够感觉到生命和活力正从这个肌体上剥蚀而去，除了平静地面对，我们并不能做什么。

历史其实是由一个一个的人组成的，西南联大、黄埔军校、昆明陆军讲武堂、滇缅远征军、建国、中北大学……姥爷走了，这段不可复制、完全独特的历史真正地尘封了，未来也不可能再被开启。我们告别了一个人，是在告别那段历史。那年的 12 月 31 日，我起了一个大早，6 点钟的时候已经从北京的东坝赶到了石景山，向我的姥爷做最后的告别。我特意穿了一件厚的羽绒服，然而在追悼室的现场，还是觉得阴冷的气息透体而入，轮到我鞠躬的时候，甚至有些发抖。母亲再次开始低声地哭泣，我一只手搀扶着她，一面向姥爷的遗容望去，没来由的，看着厚实的棕褐色的棺材木板，突然就安定了，甚至升起一丝温暖——是个好的寿材，也就这样吧。火化后，看着厚厚一圈棺木化成的灰，我想我在 2018 年的元旦真正地理解了"一元更始"的涵义：旧的终将湮灭，唯愿大家现世安好。

随着年齿日长，加上学佛，我对生死看重而不恐惧。生，有无限可能的未来，人们往往津津乐道；死，只有一条归路，人们往往三缄其口。死的时候有件物事回避不了，就是棺材。棺材在中国，一般不轻易见人的，但往往心照不宣，暗自准备。因为传统的中国人，最终的结局要不是"城外一个土馒头"，要不就是"三长两短"——棺材的两个侧面加个底，是"三长"，两头两块木板是"两短"。所以，棺材要么是个分离之兆，要么是个无法回头的悲壮——所谓马革裹尸、抬棺上阵。

不过咱们中国人的心理挺有意思，是好是坏，其实全凭自己怎么想。原来老话说"吃在广州，住在杭州，死在柳州"。因为广州吃的多，杭州环境舒适，柳州棺材做得好。后来这种忌讳就演变成好事了，怎么说？棺材棺材，"升官发财"啊。所以在柳州，甚至还有富豪在大班台上摆放一个精致的小棺材，把它作为一种吉祥物。当年我还小，看得不够开，跟他聊天时，一边说话一边瞅那个小棺材，乡土文化不一样，我还真有点瘆得慌。

看淡生死，会有真正的力量，而喜欢食物，才能感恩它赋予的温暖。以前吃肉的时候，台湾的棺材板是我非常喜欢的食物。台湾的棺材板是谁发明的，不得而知，不过据说改良定型的创始人是许一六先生。什么食品形状最像棺材呢？大白吐司面包。要做棺材板，需要先硬化面包，一般是烤硬，也可以全部炸成金黄色。

不同做法的棺材板有薄有厚，薄的就用刀割开一面做盖，厚的就挖空内里，总之，变成一个方形或长方形容器。台北一带喜欢填入牛奶面糊、鸡肉、马铃薯、青豆仁、虾仁、花枝等；台南一带往往装入由鸡肝、鸡肾、鸡肉、豌豆、马铃薯、胡萝卜、地瓜粉、墨鱼和虾仁等精心烹制的馅料，馅料也要用高汤煮成并用牛奶糊芶欠。最后将挖去的面包皮盖上，因其外形很像棺材，就得名为"棺材板"。

吃棺材板一定要趁热，金黄的外皮散发谷物的醇香，里面爽滑的肉馅和花枝弹牙柔韧，白稠的酱汁不时升起浓郁的香气，味道是咸中带甜，奶香扑鼻，真的是匠心独运的一道美食。

用馕包裹着的新疆

新疆，在我的心里，也许是萦绕在香妃裙裾飘飞间的一缕香魂；也许是都塔尔弹奏的轻柔活泼、充满异域风情的音乐；也许是辉煌如另一个敦煌的克孜尔千佛洞里神佛神秘慈悲的微笑；也许是踪迹难觅然而不能从历史中抹去的龟兹乐舞；也许是和着《十二木卡姆》起舞的美丽少女乌黑的发辫；也许是坐在葡萄架下戴着小花帽的白胡子老人……但是，新疆更是那民族美食的香气结成的乐土。

新疆的美食数不胜数，然而，大多数人津津乐道的是馕、大盘鸡、手抓饭和馕包肉。馕是新疆最知名的食品，当然花样也就最多，但主体是白面或者玉米面烤制的面饼，现在基本上是白面的了。馕是圆形的，最大的叫"艾曼克馕"，需要一公斤面粉，直径四五十厘米；最小的叫"托卡西馕"，普通茶杯口大小，厚度为一厘米，做工最精细；最厚的馕叫"吉尔德馕"，厚达五六厘米，直径10多厘米，中间有小窝洞，汉族人叫"窝窝馕"。馕大多用发面烤制，和面时要加少量的盐，但是我也吃过一种很薄的馕，可能就是半发面的了。把馕添加上羊油就成为油馕；用羊肉丁、孜然、胡椒粉、洋葱末等佐料拌馅烤制的就是肉馕；还可以把馕上加上鸡蛋；也可以做成表面涂了冰糖水，再用牛奶和面的甜馕。当年唐玄奘大师西去取经，路上就准备了很多馕，作为僧人，他准备的是用芝麻和葡萄

汁拌和烤制的芝麻素馕。

馕在新疆的气候条件下，可以保存几个月仍然新鲜如初。虽然是很普通的食品，可是馕却在玄奘取经之路和古老的丝绸古道上发散着无可替代的香气。和内地的烧饼最大的不同之处，我想就在于烤制馕需要馕坑。在以前，新疆基本家家户户都有馕坑，烤馕也是新疆男人的基本技能之一。馕坑一般高约一米，坑坯是用羊毛和黏土或硝土做成。馕坑周围用土块垒成方形土台。烤馕时要先用碳火把馕坑烧热，然后再把擀好的面坯贴在坑壁上，几分钟就烤熟了。用馕坑烤出来的馕，水分含量很少，面饼格外得香酥可口，当然也就很耐储存。这流传了 2 000 多年的食品，自然魅力无穷，我在大理的新城下关镇，就看到了一家专门卖馕的铺子，于是隔三岔五的去买几个解馋。可惜他们不卖馕坑烤肉，我倒是用新疆味普通话和他们很是游说了一段时间。

有了馕，才有馕包肉。不过千万不要望文生义，很多人以为馕包肉就是"夹肉馍"，馕包肉不是包着肉的馕，而是以馕作底的羊肉浇饼。将馕（一般要厚一点，两厘米左右的）切成扇形的几小瓣，放入深底大盘中，把烧好的羊肉放在馕上，炒锅里留少许羊肉原汁加入孜然粉和辣椒、胡椒粉、洋葱丝，烧沸后用湿淀粉勾薄芡，再淋入辣椒油，浇在羊肉的表面，略让馕浸泡一会，就可以吃了。馕包肉是很方便的食品，主副结合，馕吸饱了羊肉汤的浓香，配上洋葱的甘甜、胡椒的辛香，方便而不简慢，很适合现代的生活节奏。

天山的风起了，吹远了西域的尘沙，模糊了龟兹歌伎的笑颜，寥落了一地丝路花雨，散乱了一片沙漠驼铃。可是，新疆人的好客没有变，烤馕、馕包肉的香气没有散。不过，还是顺带提一句，洋葱在新疆被叫作"皮芽子"，多么形象和亲昵的称呼。

泡露达

少数民族同胞都有自己的秘境，纳西族的玉龙第三国，藏族的香格里拉，白族的白子国，等等。傣族也不例外，在傣族人的心目中，有一个神奇美丽的地方叫作"勐巴拉娜西"。在那里，人们生活富足，绿孔雀在天空飞过，飘洒下七彩的羽毛，大白象在森林里漫步，处处留下吉祥的脚印。人们用清如琉璃的净水沐浴，天上的云彩都是整匹的绸缎，处处充满欢歌笑语，人人收获纯洁美好的爱情。

勐巴拉娜西本是天之秘境，怎么被发现了呢？传说在很久以前，傣族王子召树屯率领一群青年人在森林里狩猎。他们发现了一只美丽的金孔雀，追了七七四十九天，怎么也追不上。他们越往前追，沿途的景色越神奇美丽，森林繁茂，蔓藤缠绕，奇花异草争奇斗艳，珍禽异兽频频出没，溪水清澈常流不断，坝子肥沃一望无际。当他们快追上金孔雀时，眼前出现了一个美丽的金湖，湖里开满了芳香四溢的莲花。金孔雀纵身一跃，消失在金湖里。召树屯转身对众人说："这里就是'勐巴拉娜西'吧！"之后，召树屯和青年们就把家迁到了这里，这个地方就是如今的云南省西双版纳傣族自治州，一个神奇美丽的生态家园。"勐"，音猛，傣泰语，"地方、城市、国家"的意思。"巴拉娜西"为巴利语，"巴拉"是城市的意思，"娜西"是"光"的意思。"勐巴拉娜西"为"光之城"。

如果说勐巴拉娜西是傣家人心中的极乐净土，那么，神秘多姿的傣家菜就是中国菜里的勐巴拉娜西。我们现如今提到云南菜，其实很多时候指的都是傣家菜。我在北京的时候，经常去吃傣家菜。北京的傣家菜馆也很多，而红三剁、酸笋牛肉、香茅草烤鱼和菠萝饭不仅是我每次的保留菜点，也被很多北京人所熟悉。等真正到了云南，才发现原来傣家菜的精华还是要到傣家人的村寨里去找，还是要到撒撇、萨达鲁、烤猪皮和手撕春干巴里去找。

我有个小兄弟叫作景宏，以前在北京有名的云南菜餐厅"一坐一忘"当店长，偶尔会一起吃饭，饭后他推荐我吃泡露达。其实以前在缅甸也吃过，而且好像缅甸是泡露达的发源地，不过仿佛傣族做的泡露达更丰富好吃一些。

傣族大姐做泡露达，动作麻利，让人眼花缭乱——拿一个特大号玻璃杯，往里面放进些米凉虾、碎冰、木瓜粉、西米珍珠、紫糯米，等等。紫糯米是经过蒸煮和用牛奶浸泡过的，然后挖入一两勺炼乳，淋上些许蜂蜜。再拿出块方形吐司切片，事先已经烤过，焦黄焦黄的，唰唰地给撕成五六瓣儿，扔杯子上面。还没完事，大姐不知道从哪里又变出个椰子，唰唰几下刨出不少椰子肉细丝。最后再往里面倒入白白的牛奶，直到杯子涨满，然后"咚"一下摆到你跟前，嗯，可以吃了。

大姐动作太迅速了，你可以稍微等一等。让冰发挥冰镇的作用，同时让面包片吸进去一些牛奶，之后拿起调羹，慢慢腾腾地搅上几搅，让滋味充分融合。这个时候吃上一口，既清凉又香甜，炎热的天气立刻退散。你再轻轻地嚼，嘴里的东西全都软软的、滑滑的，随便地就烂了化了，咽进肚子后，透身爽朗得很。吃泡露达讲究5种动作：抿、嚼、咽、吸、喝。抿是说它里面的凉虾呀西米什么的非常柔嫩，只要用腔舌轻轻一抿就成了。它嚼的时候，除了软滑的感觉外，椰丝又脆又甜，糯米像调皮的小姑娘在口腔中窜来窜去，软脆掺半的面包则如成熟的荔枝般丰润诱人。当你嚼着这一嘴多彩的东西，一个劲儿地往下咽，一边心意款款，一边忍不住地又捞起吃。可是这样狼吞虎咽的吃法，其实并不能很好地感受甜之外的味道层次，可以稍息片刻，然后改换种方式，用调羹少许地舀起些汁液，小心地吸吮，非常精致和惬意。等快吃到底的时候，就别再装优雅了，端起杯子，仰起头，把剩下带着冰碴的泡露达全倒进肚里去，顿时让你神清气爽，畅快淋漓。

跨越海峡的鼠曲粿

有几年，我的一个台湾朋友 Alice 在北京工作。

她是"欣叶"餐厅的营销总监，而欣叶是台湾地区很有名的一家餐厅，以纯正的台湾味道而被广为称赞。有一年的端午节，Alice 约我们几个朋友聚会，吃了几道欣叶的代表菜品，然后送我们一人一份伴手礼，是台湾粽子。我打开一看，不由笑了，因为我看到了一个鼠曲草粽子，这绝对是对台湾传统美食的再创造。这种创造并不是不好，事实上，所谓的台湾味道，恰恰是这种基于对传统的缅怀而又能因地制宜的一种突破。

为什么这么说？我们熟知的台湾牛肉面就是个很好的例子。当年来到台湾的四川籍老兵，怀念四川的风味，可是台湾又没有四川那些特有的调味料，比如二荆条辣椒、汉源花椒、郫县豆瓣酱，等等，所以只好利用当地的本土食材做成牛肉面，开始还叫四川牛肉面，其实在四川根本没这个小吃。结果，大家一吃，味道也不错，慢慢就变成台湾牛肉面了。这种情愫不仅在台湾，中国人在世界各地都创造了中餐的衍生体系，比如另外一种我很喜欢的菜系"娘惹菜"，也是中国华侨在马来西亚的创造。

鼠曲草粽子应该是从我喜欢的鼠曲粿演变出来的。

鼠曲粿的根在潮汕。每年临近元宵，潮汕地区都会做鼠曲粿，现在倒是有了盒装的鼠粬粿作为特产礼品，这点和台湾是一样的。

鼠曲粿的名字比较奇怪，其实很好理解，它的皮中必须用到鼠曲草。鼠曲草也叫佛耳草，叶片和茎的表面与内里都有白色的茸棉，而黄色的密集的小花球下也能抽出白色的茸来，所以有的书上说鼠曲草就是白头翁。我不是学植物学的，但是我想这大概是不对的。因为鼠曲草是菊科的植物，而白头翁是毛茛科的。作为菊科植物，鼠曲草的功效一样是下火，尤其在应对积食方面是很有作用的。鼠曲草不仅仅在潮汕地区用来做鼠曲粿，在江浙地区也有用它来做青团的。青团是清明时节的应季食品，是把鼠曲草的汁和在糯米粉中做皮，包上豆沙馅或咸的肉馅做成团子，蒸熟食用。当然，青团也是可以用艾草汁或麦青汁制作，一样的油绿可爱。

鼠曲粿的颜色是墨绿色的，还带有星星点点的鼠曲草的纤维。因为做鼠曲粿不是用鼠曲草的汁，而是采用一种很有潮汕风格的做法。传统的鼠曲粿制作方法是很费精力的。先把鼠曲草采回来，用水煮开，然后泡在干净的冷水里，每天换一遍水，至少3天。3天后把鼠曲草捞出，放在石臼里舂碎，就可以加上油在锅里炒了，炒熟后还要再加红糖再炒，直到鼠曲草成为黑绿色的一团，与油和糖完全融合，才可以把它加入糯米粉团中，一起揉匀，成为鼠曲粿的皮。馅料传统上是绿豆沙或者红豆沙，咸的肉馅的也可以。用皮包好馅料，嵌入木头做成的饼模子里，轻轻压平塞满饼模子，模子里刻好的花纹就会印在鼠曲粿表面，然后翻转饼模子，轻轻一磕，鼠曲粿就和饼模子分开，然后就可以蒸制了。鼠曲粿一般是圆形的，也有寿桃型的。花纹一般是篆体寿字纹样或者其他的吉祥纹饰。

蒸制鼠曲粿，必须垫着芭蕉叶，不知道为什么，反正一直是这样做的，倒是让鼠曲粿更加清香。蒸好的鼠曲粿，色泽墨绿乌润，香气甜美，清雅扑鼻，豆沙绵糯，肉馅也毫不油腻。我每次都可以吃好几个，还是觉得不满足。

鼠曲粿这样的小吃为什么美味，因为在准备和制作的过程里充满了情意。其实中国的古人一点也不刻板，他们反而是很浪漫的，充满了坚定的情感。如果他们彼此思念，就会翻过几座山，跨过几条河，采一束野花，去牵对方的手。而鼠曲粿的内涵也是这样吧，才可以跨过海峡，成为两岸中国人共同的思念。

蟹粉小笼

上海曾经是精细的代名词。你看，大家一样没钱的时候，别的地方的人穿衣服都是灰头土脸的，上海人会花心思弄个假领子，往一身蓝上一搭配，整个人的感觉都鲜活了。而且又不贵，家家户户都有十几个假领子，还十分好换，天天都有新感觉。这种一举三得的事情，仿佛也只有上海人才想得出来。顺便说一句，上海人说到钱，爱用的词汇是"钞票"，而且说得一字一句，充满热烈的情绪。我反而喜欢这种感觉，因为这是符合人性的，而当你知道对方是一个精明的人时，

不论明处还是暗处，不论朋友还是对手，都会调动你的紧张，让你充满亢奋的欲望。

　　精明不是坏处，起码我认为精明是聪明的一种。这种精明用在饮食上，也只有上海才会出现蟹粉小笼。"小笼"不奇怪，你把包子做小点，蒸笼也做小点，那就是小笼。难得的是"蟹粉"。螃蟹这个东西，好像自古以来就被美食家称道，也许被美食家吃得太多，物以稀为贵，价格好像也从不亲民。上海人就能让你吃个包子还连带着吃只螃蟹！所以，我寄居上海朋友位于城隍庙的阁楼上时，他一回来，总会说要给我"弄点小菜吃吃"，我就知道量是真的不大，不过花的心思可不少。我这个便宜朋友是偶尔"捡来"的。1999年的时候我去虎跳峡徒步，走错了路，走到夜里10点多，天已大黑，能听见山涧深谷里磅礴的水声，不敢走了，完全看不见路。误打误撞进了一户人家借宿，怎么也睡不踏实，早上6点多吧，记得天刚亮一些，我就决定走了。主人家不咋说话，可是我刚走，就听见铿锣的声音，之后沿着山路的那些零散的人家，都在门口插了一个火把，给我照路。我是含着眼泪回头说了几声谢谢走的，虽然他们也听不见。走回中虎跳的时候，看见也有一个年轻小伙子单独走，就上去攀谈了。

　　旅途中比较容易敞开心扉，我知道他是上海人，来旅游的，仿佛一起待了两天，留了联系方式，也便分开了。2000年的时候，我决定离开云南，无处可去，跟他联系，在梅雨季的时候就去了上海。路上不顺利，带着仅有的钱，买了一趟慢车的票，虽然是卧铺，可是从昆明到贵州再去广西北海，然后折向江西鹰潭，最后才到上海。五天四夜的火车，我真的是有跳车的冲动。

到了上海，借住在他家里，然后他便给我做饭吃。他晚上去他姐姐家住，白天有的时候会从浦东再过来找我，早上有的时候他会带蟹粉小笼来。梅雨季，什么都是黏滞的，吃点热烫的蟹粉小笼，身上心里都温暖了。

做蟹粉小笼也是要花心思的。蟹粉小笼往往都是带汤的，谁也没本事直接把汤包在包子皮里，所以要利用汤的固形物——先准备好猪皮冻。然后整治螃蟹，把螃蟹洗净，上锅蒸熟，取出蟹黄和蟹肉。炒锅里放猪油烧热，爆香葱姜末，放进去蟹黄和蟹肉爆炒至橙黄色时盛出放凉。这时候和面，别浪费时间。和面就复杂点：先取面粉和酵母加温水和匀，放一边饧着，然后再取面粉，用开水烫面，然后再加点凉水和碱面和匀。再把两个面团揉一块，搓成剂子，擀成包子皮。蟹粉这时也放凉了，加上猪肉末、酱油、盐、料酒、白砂糖、葱姜水、肉皮冻丁和香油，拌匀成馅。包在包子皮里，顶部一定捏紧喽，放蒸锅上大火蒸熟。

吃的时候，现在很多包子店都给你发一吸管，实际最恶劣。为什么？你要趁热吸，烫死你，然后嘴里一股塑料味；你要放凉了吸，腻的你满嘴发腥。最好就是放在勺里，先轻轻咬开一个小口，吹吹，那充满肉香、蟹香、面香、葱香、油香的热气在你脸上拂过，没有吃，心里就先舒坦了。

我的那个上海朋友姓郭，其实知道他的大名，可是后来仿佛也一直没有联系过，名字就记得不真切了，现在音信全无。那段时光，感谢他慷慨地温暖我，和传说中很抠的上海人完全不一样，让我回忆起来满满都是蟹粉小笼的香气。那也是我人生中唯一一次染了一头黄发的时光，他是少有的见过的人之一。

黄糕粑和枕头粑

贵州菜在我印象里，不够成体系，而又缺乏"大菜"，但是民族风情决定偏门多一些。想想，仿佛印象深且佳的就是豆腐丸子和鹅肉。此外名声大的还有丝娃娃，不过一种换了形式的卷饼，胜在原材料丰富，其技术含量和味道并没有多大内涵。然后还有花江狗肉。可是狗肉我是不吃的，按照藏传佛教的教义，狗和鹿皆是佛教的护法神祇，作为教徒，我毕生与这两种食材无缘。酸汤因为是野生西红柿发酵，味道太过浓烈，因而酸汤鱼我吃得也不多。

贵州我最喜欢的吃食是黄糕粑。"粑"是西南区域流行的方言词，指把米粒状的东西弄碎后做成的饼。黄糕粑，是用糯米粉和大米粉再加上黄豆粉，拌以沸水、红糖，将米粉揉成面团后，按箬叶的大小将面团分割成若干小团，用箬叶（一般将两叶"十字"状叠放）将小面团按四方形包严，再用稻草捆住箬叶，即成一个黄糕粑。黄糕粑做好后，要一层黄糕粑一层稻草的放入甄子，并把甄子封严，熏蒸 24 小时，熏蒸时间越长，黄糕粑的颜色越鲜艳，浸入黄糕粑内箬叶特有的香味就越浓。制成的黄糕粑，颜色呈棕红色，红糖香、米香、豆香、箬叶香交融，黏糯绵软，非常好吃。

如果黄糕粑放的时间长了，也没有关系，可重新蒸软后食用，但是千万别用瓷盘盛装，这样水汽凝聚，影响黄糕粑的口感。最好还是蒸笼去蒸。也可将其切成片状用菜油煎着吃或用炭火烤着吃，别有一番风味。

黄糕粑在贵州其实还是比较常见的小吃，不过以黔北遵义的南白镇黄粑和黔中贵阳的清镇黄粑为佳。南白黄粑的个头很大，有如旧时的方枕；清镇黄粑个头见小，约莫一拳左右，更适合于自个儿一"粑"在手，自得其乐地细细品味。

四川有与南白黄粑类似的小吃，比如乐山、眉山一带的枕头粑，个头也很大，像是个长方形小枕头。枕头粑的做法应该也和黄粑差不多，不过好像并不掺杂黄豆，只是使用一定比例的大米和糯米。枕头粑的吃法就比较多元。当然最常见的还是"甜吃"。把枕头粑切成约半公分厚的一边椭圆一边直线形状的片，然后用少量菜籽油慢慢煎熟，回软变黏糯，再煎一会让表面略微形成硬壳。将红糖用热水化开，浇在粑片上再煎，待水分挥发，糖水黏稠收汁，如胶状附着于粑身即可起锅上桌。为了吃起来更香，可以配一碟炒熟的黄豆粉，蘸着一起吃。第二种吃法是"咸吃"。也是先切片煎熟起壳，然后撒上食盐、花椒面和葱花，翻煎和匀贴上粑身即可。

最乡土却最有风情的吃法是"煮粑汤"。将枕头粑切成拇指大小的丁块备用，先将腊肉丁或腊肉片和着青神县（隶属眉山市）特产的苞苞青菜（即云南的大苦菜，芥菜的变种）以及一两坨拍散的老生姜用清水煮，半熟时下入枕头粑块，再煮，煮到粑块黏软即可，起锅前再撒一些葱花和胡椒面。这种吃法不仅操作简单，而且饭、菜、汤一体，香味独特浓郁，是当地"最老百姓"的一道美食。

艾蒿馍馍

中国传统医学里，很常用的治疗养生办法之一就是"针灸"，实际上是指两种方法。一种是下针在穴位上，一种是用艾蒿干制以后，点燃以暗火熏灼穴位，即为"艾灸"。艾灸之所以疗效显著，除了取穴，更是因为艾草中芳香油的挥发和它发出的热量是远红外能量，可以直达人体深处。

艾的作用远不止于此，在国人心中，其实它是上通鬼神，下入肠胃的东西。端午节很多地方都要插艾草于门口，或者用艾草做成香包，都是为了避邪除秽。艾草当然也可以煮水，进行全身沐浴或者单独泡脚，都可以有效地减轻疲劳，祛除身体内的湿气。这几年大家饮食上吃麻辣口味较多，夏天又贪凉，空调冷饮增加了体内湿寒和瘀滞，市面上流行艾草茶，有的是整片叶子干制，有的是把艾草磨制成粉来冲泡饮用，我尝了尝，确实味道一般。而四川，别出心裁，他们也很喜欢食用艾草，但是很高明地把它做成美食，最常见的是艾蒿馍馍。

能采摘来吃的艾蒿只在春季里才有，一般都是清明前后，要吃的部分是新发出的嫩芽，带着很细小的茸毛，仿佛绿色的叶片上有层白粉。最简单的是油炸艾蒿馍馍。先把艾蒿洗净，略微烫一下，然后切成小段，调好糯米粉和大米粉混合的面浆，将艾草碎放入拌匀，然后用勺舀入热油中，略微停留，勺和粉浆自然分离，慢炸一会，就会浮起圆形的薄饼形状的艾蒿馍馍，炸成色泽金黄，就可以出锅。可以用竹签子穿成一串，边走边吃。

传统上比较讲究的是蒸制的艾蒿馍馍，形状和普通馒头类似。一样也是大米粉和糯米粉两掺，但是尤其要注意比例。如果糯米粉多了，吃起来太黏牙；如果大米粉多了，成型比较麻烦，另外口感很硬。米粉掺好后，用烫艾蒿的水和好，也同样加入艾草碎揉匀。饧的过程中，可以做馅。一般是四川腊肉馅的，也有猪肉芽菜馅的。馅做好后包入艾蒿米粉皮中，做成馒头型就可以上锅蒸了。但是蒸之前，要拿晒干的玉米外皮包裹馍馍，然后蒸熟。在蒸的过程里，艾蒿馍馍的香气会逐渐散发出来，先是艾草特殊的带着清气的香，然后是馅料的味道，十分诱人。艾蒿馍馍也可以做成甜的，但是就没有馅了，只是和面时加上红糖，蒸出来也十分香甜别有艾草的清气。

艾蒿馍馍本身来说不难做，难的是准备原料的心意。用来包裹馍馍的玉米外皮，要头一年夏季吃玉米后，留下晒干保存好，在头年的夏天就要为第二年春天做东西而准备。其实不仅仅是艾蒿馍馍，中国小吃之所以长盛不衰，唯一的秘诀就是格外的用心。

鲜花饼

罗小妮有一次寄给我两包干玫瑰花苞，可以泡茶。我开袋一闻，香气干净持久，确实与众不同。听说是在大理苍山种植的大马士革玫瑰。云南是花的世界，尤其是鲜花。在云南昆明机场，你随时可以看见手持大束鲜花的返程游客，还有的人会购买几箱的鲜花打包成行李运走。为什么这么多人在云南购买鲜花？真的是便宜啊。云南的鲜花很特殊，是称斤卖的。一斤玫瑰花，大概有30多枝，通常60块钱左右，而有的大城市，一枝玫瑰少则十几块，多则二三十块。在云南买鲜花当然是占大便宜的好事。

鲜花在云南，是生活中最好的装点。在丽江，你会经常看见陶罐子里插满盛开的香草兰；在西双版纳，你也可以在茶园里经常看到寄生的艳丽的热带兰；在大理，你行进在苍山上，会突然闻到阵阵幽香，大理的莲瓣兰正在悄悄盛放；就算在我当年厝居的下关大理学院旁边的小区，缅桂花、四季桂、石榴花、丝兰、紫荆都会在不同的季节里争奇斗艳。但是，最主要的，云南人还爱吃花。

云南人常吃的鲜花有金雀花、茉莉花，都可以炒鸡蛋；海菜花、杜鹃花，可以煮汤；兰花，可以烧肉。大理人还在传统上喜食鲜花饼，这在大理是一年四季都可以见到的小食。

鲜花饼是用玫瑰花制馅的。大理的食用玫瑰的种植面积已经在万亩左右，之所以大理的食用玫瑰产业如此庞大，首要的是因为气候条件十分优越，年平均气温14.9℃，年均无霜期228天，四季温差不大，光照时间长，低纬度高海拔无污染的特点特别适合种植食用玫瑰。大理的玫瑰花产业也在不断向精深加工发展，

产品涵盖玫瑰精油、玫瑰纯露、玫瑰细胞液、玫瑰花糖、玫瑰花茶、玫瑰花酱、玫瑰花原浆、玫瑰花酵素、玫瑰花酒、含片、干花等近 20 个品种，但是最为民众熟知的还是玫瑰花鲜花饼，鲜花饼店更是数不胜数。

　　鲜花饼的主要配料是玫瑰花，以前一般也会掺杂玉兰花，以增加香气的层次，但是现在的饼店，都是用纯玫瑰花了。玫瑰花一定要早上 9 点以前采摘，这时的花刚刚绽放，而又没有完全打开，玫瑰花芳香精油蕴藏在其中，香气最为浓郁没有散失。花瓣和冰糖、白糖、芝麻、花生、核桃仁、枣泥、猪油制成馅心，包在油酥皮里，制成像是老婆饼那样的饼子，轻轻咬一口，花香十分浓郁，仿佛身在花园之中。

　　云南鲜花饼，运作最成功的品牌是"嘉华"，味道也很不错。但是我个人最喜欢的是大理糕点厂的，油重一些，花香十分纯正，可惜产量很少，仿佛每年也只卖几个月。后来有一次在大理古城里散步，看到一家现场手工制作点心的作坊，名字叫作"百福源"，我看了一会，决定一试，后来我送人的鲜花饼基本都是从他家订购的（我自己不吃，因为后期吃素以后没法食用猪油）。他们自己做的乳扇萨其马也是个特色，大家也可以一试。

香竹饭和花饭

竹子在世界上大约有 500 多种，中国有 200 多种。中国人十分喜欢竹子，赋予了竹子很多其他国家的人无法理解的象征意义。我近日在北京，到扇庄里看扇骨，我喜欢湘妃竹的扇骨和玉竹的扇骨，动辄成千上万，我囊中羞涩，不由摇头叹息。

回来之后，颇有想做点焚琴煮鹤之类的事情的欲望。突然就想起了香竹饭，也就是大家在北方常见的竹筒饭。

真正的竹筒饭必须使用香竹。香竹是竹子的一种，也叫甜竹，在我国主要产自云南西双版纳。这种竹子的香气非常浓郁，竹子的汁液也带有天然的香气，竹竿也不会太粗，一般直径也就二三厘米。香竹的竹笋很幼嫩，直接吃有很甜的味道。

每年 11 月至次年 2 月间，是西双版纳香竹成材的季节，也是吃香竹饭的最好时节。香竹饭傣语称"埋毫拉"，意为用竹子煮饭。做香竹饭时，先将香竹截成段，每段保留一个竹节做筒底，然后把用清水泡透的稻米装入竹筒内，不能压得太实，因为米会膨胀。然后用芭蕉叶塞住筒口放炭火中闷烤，待竹子表皮发干，有的地方已经焦黑的时候，浓香的香竹饭味也已经从竹筒中飘出，就说明香竹饭熟了。把竹筒从火灰里取出，再用木棒敲打竹筒，这样米饭就能变得松软又不与筒壁粘连。最后用刀将竹筒剖开，便露出呈圆筒状的米饭，表面还黏有乳白色的竹膜，米香和竹香混合，香气四溢。即使是我这种有点轻微洁癖的人，也顾不得洗手，直接抓起来就送进嘴里，觉得这才是最自然的味道，最好的味道。

香竹饭靠香气取胜，花饭靠色彩诱人。很多人爱花，不过人人看花各不同。我看花，看到它柔弱之下的生命世界。

每一朵花最初都是一颗小小的信念的种子，因缘得聚，才能长出幼小的善念的幼芽。这个过程里，它要面临很多困难：也许小鸟飞来了，把它吞进肚子里当成了食物；也许土地太过肥沃，欲念的火焰反而将它烧死；抑或土地又太过贫瘠了，没有后续的信心让它顶破种子的硬壳。

经过重重磨难和自己的努力，这粒种子长大了。它伸展着细长的茎干，招展每一片绿叶，渴望得到阳光的照耀、雨露的滋润。慢慢地，它积聚了一生的力量，把为世界增添色彩的心愿凝聚成一个个花苞。终于，它开放了，成为献佛的供物，成为菩萨说法时从天而下的花雨，成为阿弥陀佛净土里一抹光华。又或者，还是默默地在人间的土地上孤独地盛放。那又有什么关系呢？花朵的花瓣是娇弱的，可是在严寒里、在沙漠中、在河流里、在骄阳下，哪里没有一朵花呢？无论色彩是不是艳丽，香味是不是馥郁，花瓣上都是法的光芒啊。每朵花都是一个大千世界，每朵花都是一朵正信的菩提。

等到花儿开败了，它默默地随着突如其来的大风抑或早晨悄悄降临的晨露走完了这一世的轮回，在泥土里慢慢变成肥料。它并没有离开，它坚信在自己上一世躯壳的滋养下，下一世的花儿会更加美丽。

昔年灵山法会，佛祖思得一妙法，正待演说，突见迦叶尊者站起顶礼，手中拈了一朵花，脸上是灿烂的微笑。佛祖知道迦叶尊者了悟了。而我想，那微笑是因为感受到法的伟大，也许，更因为心田里的花朵已经盛放了吧。

如果心田之花难以开放，也没关系，咱们把花吃下去，"朝饮木兰之坠露兮，夕餐秋菊之落英"也是一种境界。吃花可以直接吃，比如云南的很多菜都是用鲜花作为食材炒菜，像芭蕉花炒鸡蛋、杜鹃花芋头汤、金雀花蛋饼，等等，也可以作为主食当成花饭吃。

花饭也分两种，一种直接是鲜花和饭一起配合着吃，比如韩国的花饭。韩国的花饭就是各种颜色的鲜花，还要配上一些草芽、芝麻，加上酱油、肉丝和米饭拌在一起吃。不过我认为这不是真正的花饭，真正的花饭一定是花的精髓深入饭中，融为一体，你中有我，我中有你。这样的花饭在中国才有。

中国的花饭是用各色植物的花朵和叶茎提炼纯天然的色素，浸泡糯米一日一夜，让干干的糯米吸收颜色，把内部也都染成晶莹的色彩，就成了花饭。泡好的花饭还要用清水漂洗，不过不要担心，洗掉的都是浮色，然后再晒干，就可以长期保存了。花饭通常都是5种颜色以上，比如蓝、红、黄、灰、白等，这样才够五彩缤纷，看着就喜气。吃的时候上笼蒸熟，谁要吃的话，用裁的整整齐齐的芭蕉叶，放在上面一团，用手抓着吃，不仅有糯米特有的香味，还有各种鲜花的香气，吃完之后真的是口有余香。也可以配上各种小菜一起吃，比如小鱼干、咸菜之类。

瑶族有花饭，一般祭祀先祖的时候吃，为的是让祖先看到今日生活的色彩；苗族有花饭，也叫姊妹饭或者情人饭，小伙子小姑娘们谈情说爱的时候要用花饭传递心意；壮族有花饭，一般都是重大节日时食用，你会看到人们一边吃花饭，一边到处都是笑语盈盈；布依族也有花饭，他们也叫它"五色米"，吃的时候还可以浇上一勺野蜂蜜，格外的香甜。

这么多民族都有花饭，很难说清楚花饭到底是哪个民族发明的。这样不是也很好么？就像我们的 56 个民族，每个民族都有自己独特的色彩，可是又能像花饭一样既五彩缤纷又能团结和睦，那不就永远是一幅春日绚烂的景色么？

荞糕和荞麦卷

荞面是中国的特产，是荞麦的种子磨成的粉。大约在唐朝的时候，经由朝鲜传到日本，后来日本荞麦面也成为日本名吃之一。荞麦什么时候传到西方我不得而知，不过我小的时候看过一本《意大利童话》，里面有个故事叫作《耶稣和圣彼得在弗留利》，说到了因为圣彼得的祈祷，世界上产生了第一批荞麦。作为中国人，我当然是不能同意这种看法的。

荞麦大体上可以分为两种。一种是鞑靼荞麦，通俗来说叫作苦荞，因为味道比较苦；还有一种是普通荞麦，通俗来说叫作甜荞，因为没有苦味。日本大部分用的是甜荞，但是甜荞的综合营养水平低于苦荞，尤其是在保护心血管方面。中国大部分的荞面产区，苦荞和甜荞都有，北方相对来说苦荞多一些。在云南，海拔相对较高的地区，比如海拔 1500 米以上的，苦荞种植的多一些，而低海拔地区，大多是甜荞。

云南既然是荞麦产区之一，故而利用荞麦做了很多种食品，常见的是荞糕和荞饼。荞糕做起来比较简单，将土碱放锅中加水煮化，荞面、面粉两掺加土碱水、白糖、猪油继续搅拌成糊状。蒸锅底上铺粗纱布，将荞面糊倒入，上火蒸熟。熟后将芝麻撒在表面上，晾凉后切成块即成。做荞饼稍微复杂些，因为有馅，所以要包制。皮的做法还是类似的，只是还要加一点泡打粉。馅一般都是豆沙馅，包好了烤制熟即可。

做好的荞糕或者荞饼，色泽深黄带红，吃起来有略微的粗粮味道，如果是苦荞做的，还有微微的苦。不过，会很快转成一股清凉，质感松散，而且吃下去好像没有什么负担，尤其是下午茶的时候，作为茶点搭配很适合。

荞麦卷对身体的负担也不大。荞麦卷就是用荞麦面做饼皮，裹上各种蔬菜丝，卷成卷，再切成小段，可以另外调制蘸汁食用。做荞麦卷的面饼皮，不使用纯的荞麦粉，要配比一部分的小麦粉或者糯米粉，调成稀的面糊，用不粘煎锅少放油或者不放油，煎成有一定韧性的软薄饼。同样用不粘锅，少放一点油，加盐小火合炒豆芽、韭菜、白菜丝、木耳丝、胡萝卜丝、蘑菇丝等，炒软后就放在饼皮上裹成卷，切段后蘸辣椒油或复制酱油食用。蔬菜的清淡加上荞麦的清香，加上辣椒的爽口，是一道充满能量又不让身体超负荷的美味。

韩国人也很爱吃荞麦卷，在韩国美食主题电视剧《大长今》中，荞麦卷是唯一一种出现过两次的食物。韩国的荞麦卷和中国的荞麦卷大体做法类似，略有一些差异：饼皮一般是用荞麦面加上面粉和一些淀粉，也要放一点盐再调成稀糊，而卷裹的馅料通常也是各种蔬菜丝，但是要放一些干的大枣丝。调味汁的差异比较大，多用盐、糖、酱油、醋加芥末、炒过的白芝麻、蒜泥、生姜泥、葱花拌和而成。

其实，食物本身无所谓高下好坏，关键的是我们能不能品尝出这种食物背后所隐藏的风土、情感和过去未来。

杂酱米粉和砂仁条

云南的米粉，"冒子"很多，在拌的米粉里，杂酱米粉是很受欢迎的。

关键是炒杂酱。杂酱其实是一种混合调味的复合肉酱。一般的做法是：准备三分肥七分瘦的肉末，用葱花、姜末、蒜茸炝好锅，下入肉末翻炒，一边炒一边加入昭通豆酱、巍山辣酱、花椒粉、大料水、肉蔻粉，等等，直到汤汁即将收干，带着一层油，肉馅焦黄但是油汪汪的感觉，杂酱就做好了。

米粉都是提前煮好。不能煮到全熟，盛出来晾凉或浸在凉水里，等到来客人了，再拿出来在开水里烫一下，然后盛到碗里，先舀上肉酱，然后放上煮过的韭菜段、豆芽，拌好就可以吃了。

在临近云南的外国，越南的米粉也是出名的。甚至很多人去越南吃了米粉，觉得越南米粉光滑柔韧，比云南的米线嫩软，比广东的米粉洁白，比西北的米粉轻薄，是最好的米粉。我自己试过，觉得并非如此。越南的米粉吃法多数是烫煮，如同清汤火锅般，然后再撒上佐料，味道十分清淡。而且很少有拌的米线，即使有基本是凉拌，加上青柠檬、鱼露什么的，应该不是我们普遍喜欢的味道。

中国的小吃味道往往是浓郁的，哪怕做大菜的时候很清淡，做小吃却一定很浓重。为什么？中国人从心里希望善待别人，尤其是做小吃时，觉得上不了台面，反而格外用心，多加很多调料，要把自己不能请你吃大餐的内疚化成香喷喷的味道。

同样，一碗杂酱米线，传承的不仅是香辣的味道，更重要的是，里面是中国人质朴的、热乎乎的心意。

吃完杂酱米线，喝喝茶，需要点心来中和一下。我往往选择砂仁条，这也是我很爱吃的云南传统点心。砂仁条，又名灯芯条，川滇都做，也是川式糕点中的传统产品。砂仁条，大约在20世纪中叶，是风靡四川全境的小点心。经历过80年代的四川人，对砂仁条都充满了回忆。喜欢砂仁条的人，一定是被它单纯的米香气以及它沙糯弹牙的口感吸引。但是我自己比较认可云南做的砂仁条。为什么呢？现在四川做的砂仁条，只用糯米粉、油、糖3种原材料，做好的砂仁条色泽洁白，两头带红色，虽然卖相更好，可是已经有点名不副实了。砂仁条，顾名思义有一个主要的原料就是砂仁。

砂仁是姜科多年生草本植物阳春砂或者缩砂或者海南砂的干燥成熟果实，7~8月间果实成熟时采收，低温焙干，用时打碎。砂仁是一味中药，也是火锅、卤料中常用的一种香料。砂仁性温，味辛，具有行气调中、和胃醒脾的功效，用于湿浊中阻，腹痛痞胀，胃纳食滞，呕吐泻泄，妊娠恶阻，胎动不安等症。我以前常吃的香砂养胃丸，砂仁就是其中的主药之一。

云南做砂仁条，要把砂仁磨成细粉和糯米粉拌匀，加上糖，另外，我觉得应该是用的猪油而不是植物油，这些原料决定了云南版的砂仁条通体油润，色泽如淡淡的藕荷色，香气特殊，有较好的温养脾胃的功能。

不过，砂仁燥性比较大，不宜多吃，这点要注意。

兰州拉面与炸百合

"甘肃拉面"，其实很多人更愿意叫"兰州拉面"，果真，兰州的拉面味道确实独一无二。

中国的面食很多，但爱吃拉面的人不少。拉面因为面更为筋道，口感更好，所以不仅中国，我们的邻邦也都争相效仿。日本的拉面也是很有名的，当然他们做了大量的日本化的改变。日本拉面并不一定是手拉出来的，拉面这种食物在日本现在是以假名的方式拼写，只是直接借用了汉语"拉面"的读音。

日本拉面的一般定义就是在汤水中放入面条，所以根据汤水的不同特色，就会分成不同的风味，比如北海道札幌的拉面是味噌风味的，福冈县博多的拉面是猪骨风味的，而和歌山的拉面是猪骨酱油风味的。和歌山拉面好吃的秘密，跟和歌山纪州汤浅是酱油发祥地有很密切的关系，正是这种酱油的鲜美滋味，带出猪骨汤头的浓郁香醇，造就了和歌山拉面的迷人之处。

我们的兰州拉面不搞这些噱头。兰州拉面一定要拉，和坊间流行的细丝拉面不同，传统的兰州拉面我更喜欢"荞麦棱"，类似于筷子粗细而带点三棱形的面条格外的筋道有嚼头。兰州拉面的汤那也是精心熬制，绝对不会含糊。兰州人吃牛肉面，先喝一口汤，便知是不是地道。熬汤常选用草原上出产的肥嫩牛肉，加大块牛头骨和腿骨，再按比例加入牛肝汤和鸡汤，在大铁锅内慢火熬煮，之后每一次都要兑上一次留下的老汤，循环往复。所以兰州拉面的汤味道浓，却能够做到清亮澄澈。

我吃兰州拉面，最爱大碗宽汤，撒上芫荽，放上几勺油辣子，然后加上陈醋，"吸喱突鲁"（北方话，模拟吃面的声音，表示吃得香而快）一碗下去，有着满头冒汗、满嘴油光的真实满足。

兰州还有一样特产也很不错，就是百合。这里说的百合，其实是指百合花的鳞状茎，但是通俗的叫法是"球根"，所以可食用的百合你说它是茎也对，说它是根也对。兰州百合是中国国家地理标志产品，个头大、味极甜美、色泽洁白如玉，特别是纤维很少，生吃没有渣子，又毫无苦味，是百合中的上乘极品，也是全国唯一食用甜百合。

　　大部分人喜欢百合，应该是从喜欢百合花开始。我小的时候，没钱买花，想买也没地方买去。可是那时读茹志鹃的《百合花》，感动得不得了，想想呀，天下那么多花，有名的也多得是，人家茹志鹃就选了种百合花，肯定特纯洁特美丽。后来鲜花屋满大街都是了，才认得百合花——原来就像水晶高脚杯，还是喝白葡萄酒的那种。百合花无论白的还是粉的，办公室里插几枝，那种甜香无处不在又不腻人，心里舒畅极了。

　　再后来接触了百合的"地下组织"。我的身体血气不华，夏天也经常手脚冰冷，老中医们可有事干了，时常人参、黄芪帮我吊着，怕我哪天他们一不留神，我和地藏王菩萨走了。可是我又容易上火，上了火就痰壅咳嗽，于是又时常拿百合煲蜂蜜水压着。那时候知道了百合原来还有这功效，真是好东西。

甘肃是盛产百合的地方，甘肃百合比别的地方的百合格外的洁白和粉质大，因而我熬粥一直是用甘肃百合。后来看到甘肃人吃百合，觉得既艺术又技巧。甘肃人是把百合炸了吃，而且百合不拆散，是整头百合裹了稀面糊，在热油里慢慢炸开，成为一朵朵金黄色的莲花。当炸百合端上来的时候，我彻底被震撼了。这圣洁的金莲花，带着面糊的香甜和百合粉嫩的质感，留在嘴里一团甜美的清鲜。

传说在伊甸园里，撒旦变成毒蛇，诱惑亚当和夏娃吃下禁果，犯下了人类的原罪。亚当和夏娃因此被逐出伊甸园，他们因悔恨而哭泣，悲伤的泪水滴落在地面上，化成洁白的百合。这炸百合把埋在地下的百合变成餐桌上盛放的金莲，也正如它地面上那纯洁芳香的百合花，从黑暗和凄美中孕育出无与伦比的美丽。

宁夏包子与新疆烤包子

宁夏是塞上江南，风光确实不错。但是纵然如此，宁夏的饮食习惯却是明显的北方化，尤其是回族兄弟很多，牛羊肉也吃得多。其实说到清真食品，中国历史上从宋朝开始，得到了长足发展。北宋宫廷内的肉食品，几乎全用羊肉。仁宗皇帝喜吃羊肉，特别是烧羊肉。《孔氏谈苑》载，有一夜仁宗睡不着觉，感到饥饿，因而"思食烧羊"。宋室南迁临安后，仍以羊肉为宫廷主要肉食品，宫廷以羊肉为宴的记载亦见于多处史料。

宁夏最常见的牛羊肉小吃是牛羊肉的余面条，当然还有清真的牛肉包子。羊肉其实也有包子，不过一来味道还是比较膻，二来好像一般羊肉馅都很少。

清真做法的牛肉，质量是可以保证的。因为基于他们的信仰，杀牛宰羊都是要穆斯林的阿訇动手的，还要念诵经文，带着某种仪式性，而宰杀的牲口也必须健康，宰好的肉也非常干净，不会注水。

宁夏包子是半发面的包子，包子皮一般发的不是很厉害。做法也比较传统：用面粉加上水、老酵头（面肥）揉匀发酵；将发酵好的面团加入碱水揉匀，用湿纱布盖好，饧一会，让面充分膨胀；牛肉剁成小的颗粒，不要太碎；配菜可以单独用大葱或者胡萝卜，也有用芹菜的，也是切成颗粒；炒锅置旺火上，放入菜籽油烧至 6 成熟，下牛肉炒散略发干时，入姜末、酱油，再稍炒即起锅；拌入胡椒粉、花椒粉、大葱碎、精盐即成馅料；把饧好的面团揉匀，搓成圆条，揪成剂子，分别擀成圆皮；包上馅心，收口处捏成细皱褶，放入蒸锅的笼屉里，用旺火沸水蒸约 15 分钟即成。

宁夏包子个头比较大，牛肉香气十分浓郁，吃起来果真比其他地方的牛肉包子美味很多。

同为西部地区，新疆的烤包子也很好吃，给我留下深刻印象。烤包子通常用的是羊肉，形状传统上其实是长方形的，当然现在也基本是圆形的了。

烤包子是用馕坑烤的，所以其他地方买包子一般是等着"出锅"，在新疆买烤包子都是等着"出坑"。烤包子在维吾尔语里叫"沙木萨"，是很火的传统日常美食。新疆烤包子和宁夏包子有一些不同：首先，烤包子的面团用的是死面，不需要发酵，所以面皮要擀得薄一些，厚的吃起来太硬，口感不好；其次，包子馅用羊腿肉丁、羊尾巴油丁、洋葱（新疆人对洋葱谜之迷恋，他们叫"皮芽子"）、孜然粉（孜然，某种程度上代表了新疆）、盐和胡椒粉等原料，加入少量水，拌匀而成；再次，将死面包子皮擀薄，四边向内折合成长方形；最后，就是馕坑要出马了。馕坑主要是烤馕用的，但是不限于烤馕（还可以烤肉和烤包子）。将包好的生包子贴在馕坑里，掌握好馕坑里的火候，十几分钟即可烤熟。

烤熟后的烤包子贴在馕坑中，因为皮很酥脆，所以取出它也是需要技巧的——需要用铁钩子和一把铁铲同时配合下才能铲出完整的烤包子。一个个方方正正、飘香四溢的烤包子，被维吾尔族小伙子铲出后，热腾腾的堆在一起，然后帅气的维吾尔族小伙子就开始吆喝，人们迅速围拢，买走这些焦斑黄亮、皮脆肉嫩、味鲜油香、绝无膻气的烤包子，令人羡慕地大快朵颐去了。

泥巴里的美味——炒琪

箫箫从山西回来，带给我一包绿豆饼和一包炒琪，我觉得都不错，因为是山西产的。箫箫出生在成都，长在成都，成了山西人的女婿。而我出生在太原，成长在太原，却很少回山西了。看见山西的东西，往往带着亲切，无他，唯来自故土耳。

炒琪，除了山西人，可能外人不仅没见过，连听也没有听说过。中国流行过一段"舌尖上的中国"，流行的原因是乡土触动人心，人文涵于美食。而炒琪是真正"泥巴里的美味"。做炒琪，离不开泥巴，而且要用黄土高原上产的偏白的窑洞白泥巴。说是白泥巴，倒不至于像观音土那么白，其实还是黄土。黄土不能选黏土，是直立性好的那种土，不仅要敲打成细末，还要用筛面的细眼箩筐筛成粉面。大铁锅烧上，先炒白土，另一边就要准备炒琪的"琪子"。琪子是白面加上盐、花椒粉、油，用鸡蛋和水和成面团，然后饧一会，擀成大圆片，切成指头般宽的条，再滚着搓成圆柱体，用刀切成小粒。

白土什么时候就炒好了？要像水开了一样，表面也冒大气泡。这时候把琪子倒进去，不断翻炒，炒到变硬，表面呈乳白色就好了。这还都是土呢，就等着凉了一起倒进细眼箩筐把土面子筛掉，讲究的还要用干毛巾把表面擦一遍就可以吃了。

做好的炒琪色泽焦黄，口感清脆，香醇可口，关键是久藏不坏。炒琪已有5 000年的文化历史，相传古时舜携娥皇女英，畅游历山炒琪洼所留。民间传统医学认为"脾虚伤食，补以脾土"，炒琪对于肠胃疾病具有良好的保健功能，还能预防他乡水土不服。箫箫知我有慢性胃炎，特意带回来，真是有心了。

可能有很多人还是对泥巴做食物媒介有疑问，其实中国对泥巴的利用很早。我记得看过一个医案，是关于清代名医叶天士的。乾隆十六年（1751年），江阴、宜兴等地霍乱肆虐，恣意流行，每天都在死人，眼看瘟疫难以控制，并有蔓延之势，千总大人十分着急，派员去请叶天士。叶天士来到疫区，察看了疫情，用带来的中草药配制成"四逆汤"救治病人。但霍乱流行面广，患病人多，带来的药材很快就要用完了，可疫情还是控制不住。叶天士面对肆虐的霍乱，心急如焚。这时，一个随行的人说，在他的家乡也流行过类似的病，当时挖取带蚯蚓的地下黄土冲水喝，效果很好。一句话提醒了叶天士，他想起张仲景的《金匮要略》上就有"黄土散"的方子，即灶心上烧过的土，药名伏龙肝，有温补脾胃、止吐止泄的功效，而天宁寺的和尚治上吐下泻是靠喝多年发霉的陈芥菜卤治好的。叶天士心想，灶心土研末后用陈芥菜卤送服定能起效。于是，他发动村民烧黄土，天宁寺的和尚也送来了陈芥菜卤，让村民服用。果然，村民在服用了陈芥菜卤后，患者很快痊愈，健康者再没有被传染，霍乱疫情很快被控制住。而在很多年以后，人们才从黄土中提炼出了土霉素等消炎物质。

山西，其实一直是一个资源贫瘠的省份，人们津津乐道的"煤老板"，其实并不是处处都有，煤矿产地相对集中。但是遍地的黄土，没有磨灭山西人对生活的热爱，他们利用和炎黄子孙皮肤一样颜色的卑微之物，创造了不输于淮扬细点的美味。

平遥的家打月饼和油花花

我以前读书在山西财经学院，现在改名叫山西财经大学了。学的课程里有明清商业史，其实主要讲的就是平遥，以至于我一个学期去了7次乔家大院，再加上后来的渠家，平遥是去的够够的了。话是这么说，还是喜欢平遥。最喜欢的是市楼一条街，繁华落尽却更有味道。还有城墙的魁星楼，配合72个垛口，象征孔子72门徒先贤，商业和儒家文化交织，有义有利，尽显商业大家风范。

我以前很爱吃平遥的"碗秃子"和蒸干肉。碗秃子像太原的荞面灌肠；蒸干肉是一片豆腐干一片猪肉片交叠码在碗里用蒸笼蒸透就得了，都简单，但是都好吃。

再后来，以前的平遥同事专门给我寄过来一箱平遥家打月饼，我对这个月饼挺喜欢。月饼本来是个挺雅致的吃食，也很有仪式感。可惜现在不拜月了，仪式感没有了，它就成了个普通东西。商家不想让它普通，就可劲增加它的价值，不过我总觉得走偏了——不外乎在皮和馅上做文章。饼皮、有机蔬菜皮、果泥皮、咖啡皮、海参馅、鲍鱼馅、燕窝馅，我还见过宫保鸡丁馅的。也有的为了节约成本，发挥化学的神奇力量，不管什么馅，一律是冬瓜蓉加色素和对应的香精，买的人也不少。

我喜欢味正的东西。这个"正"，就是能吃出来食材的本味儿。平遥家打月饼就是本味突出、越吃越香的美食。平遥家打月饼外形一点不讨巧，就是一个带点馅的薄皮干烧饼。吃起来也挺硬，可是越嚼越好吃，那种谷物的香气完全散发出来了。馅也简单，就是红糖、花生碎、瓜子仁，简单的材料才能让人认真感受这不多的食材本来的味道。我还看到一个月饼上不仅有模子的花纹，还有一整条干的香菜，也有的月饼不是圆形，像是宝塔状，我问了朋友，她也没说清，只是说好像还有男孩女孩吃不同形状月饼的习俗。

月饼吃了没多久，又遇上了平遥的油花花。油花花也是面食小点心，应该是水油面加红糖、鸡蛋和好擀开，切成长方形小片，再切成像梳子般形状，然后每个"梳齿"盘卷起来，最后入油锅炸熟。也是简单极了的吃食，可是吃起来微甜酥脆，麦香浓郁，而且久放不坏。

其实不止这些，山西的吃食大都简单质朴，可是却能还原这片黄土地的本味，这就是世间极难得的了。

泉州的卤面和五香卷

北京的马连道茶城，我觉得半壁江山是福建人的。尤其是茶贸中心一带，感觉和福建差不多，尤其是饭馆，一水的福建风味。我有慢性胃炎，以前爱吃辣的，现在基本向清淡一路走去。北京的初秋，在阵雨和未退的暑热中徘徊，我们几个朋友逛完茶城出来，索性就找了一家泉州馆子吃饭，桌子搬到了房檐下面，倒觉得清爽了几分。

没想到，能和泉州卤面结缘。

朋友点菜的时候没有听得太清楚，以为是炒面，就点了一盆。等到上桌，一看是汤面一般，又像郑州的烩面，不过汤没有那么多，显得很稠。每人盛了一小碗，吃了几口都不约而同地放下了筷子，不是不好吃，而是没想到居然这么好吃。都是爱吃的人，一时间拍照的拍照，细看配料的看配料。

泉州卤面主料当然是面条，吃起来有浓郁的碱味。后来我问了一些泉州的朋友，说是也有不放碱的面条。不过我倒觉得碱面条不难吃，有种特殊的风味。辅料是细碎的瘦肉，也有煎过的墨鱼粒或者花蛤，还有小小的海蛎子，此外也有香菇、虾等。

卤面口感浓稠滑口，是用熬制的骨汤或肉汤，加上胡椒粉、糖、盐等熬煮，面条熟时，又用地瓜粉勾芡适当收汁，口感才会那么浓厚。当地人吃卤面，还要加上蛋丝、沙茶酱或蒜茸酱等，更是风味独具。

本来已经吃饱，突然看到刚刚出锅的食物，倒是我以前吃过，也很喜欢的，便让店家赶紧炸了端出来。因为想吃，却忘了这种食物蒸好后要回凉，才能炸制，否则会在切的时候细碎，不易成型。果真，端上来的时候有点乱糟糟的感觉，倒不是店家的错了。说了半天，是什么吃食呢？泉州五香卷是也。五香卷是泉州民间的传统看馔，油豆腐皮里面包入五花肉块（而不是肉馅），还有虾仁、马蹄丁，卷好后先蒸熟，然后入油锅炸脆至外皮变成金黄色，切成斜的菱形段。配点酸萝卜和辣酱吃，最是脆爽鲜香。

原野牛羊

羊杂汤里的似水流年

喝羊杂汤有的时候也是一件奢侈的事。

上次和初中就相识的朋友说起读书时最爱吃的食物，大家不约而同地说到了太原的羊杂汤。羊杂汤其实是我写文章的书面语，太原话其实叫作"羊杂割"。我其实是个不太喜欢重复的人，不过老同学在一起，往往重复地说读书时的趣事，却从无人打断，也从无人厌倦，总是想听这些耳熟能详的回忆。彼此年纪都过了40岁，早已不是对鱼翅、鲍鱼、松露之类肥腴甘浓之物垂涎的青涩少年，但说到羊杂汤还是口水盈腔。之后又说到何时大家再一起吃一次太原的羊杂汤，突然彼此都沉默，只看见窗外的八重樱粉白的花瓣飘飘落下，碰在窗玻璃上，发出惊心动魄的声音。而现在想想，就连这个"上次"也是10多年前的事情了。

羊杂汤为什么在太原叫作"羊杂割"？据说还是成吉思汗母亲的偶然发明。虽然旧时山西和蒙古联系紧密，然而我还是觉得无须为羊杂割找到这么高贵的出身，这平民化的食品流传至今仍然得到山西人的无比喜爱，便是最为诱人的明证。

羊杂割，所谓的"杂"，就是羊肚、羊肝、羊肺等杂碎之肉，"割"便是切成一片一片的。我自己在家做菜，刀工不是太好。我曾经觉得无伤大雅，后来才发现刀功真正的意义是你选择切断纤维的方式。不同的方式，也许是角度，也许是速度，会影响食材断面的状态，也就影响了食材的失水度。食材水分的微妙变化，影响了食材的质感，成为"滋味"这个词汇中不可或缺的重要因素。而孔子说：割不正，不食。切得不到位，他就不吃了，这也从另一个角度证明刀功的重要性。所以，"羊杂"是食材，"割"是这道菜好吃不好吃的基础，这才是应该在名字上显露的。而至于"汤"，不过是描述最后结果的状态罢了，没有前面的细节，不会有最后好的结果。

这羊杂割本来也没有什么稀奇，可是要把这羊杂的腥膻压下去，把羊肉的鲜美味道提上来，不是件容易的事。羊杂割靠的就是老汤。几年乃至几十年的历次羊杂汤熬煮叠加下来，那种鲜美不是用语言可以表达的。读书的时候，同学们彼此都是穷学生，尤其是天寒的日子，骑单车到了学校，已是双手双耳冻得通红，鼻子除了还能够闻见羊杂割的香气外已经完全失灵。先在校门外的小店解决早餐，几个相熟的同学便坐在一起眼巴巴地等着那一碗羊杂割。只见老板麻利地把羊杂碎放在一直烧滚的老汤里烫了鲜熟，盛在白瓷碗里，多多撒了白胡椒，又用滚烫的老汤一浇，加了红亮的油辣子末，撒了绿油油支楞楞的芫荽段，笑嘻嘻地端了上来。赶紧喝一口，那个辣，那个香，那个烫，那个美！再奢侈一点的时候，按照个人不同的喜好，又要了缸炉饼子或者烧饼。

缸炉饼子，可能是更不常见的吃食。是用水缸为炉体，慢火烘烤出来的一种长方形的面饼，油很少，可是面很硬，一面烤得微微发黄，一面沾满白芝麻，咬一口，既有嚼头，又满口麦香。我往往是一半细细地嚼了，一半便泡在剩下的半碗羊杂汤里，等饼子吸饱了羊杂汤的鲜香，再吃下去，真的是那时候最满足的事情了。烧饼是另外一种感觉，油香突出，焦黄脆热，拆开来一圈一圈的，也是把绵软的内里泡在汤里，是不同的一番风味了。

人生就是这样，你的能力慢慢增长，有的原来很难办到的事情可以轻易地办到了，可是有的原来很容易办到的事情，你却发现变得那么难。"萦萦白兔，东奔西顾；衣不如新，人不如故。"唏嘘之时，忘不了的是那一碗羊杂汤，曾经那样温暖了我青春的似水流年。

没头没脑的头脑

我可能是中国的吉普赛人，大学毕业后，基本到处流浪。大理、腾冲、成都、上海都待过不短的时间。相对北方来说，南方的天气虽然总体上暖和，可是到了冬季，便是屋外倒比屋内暖，屋外的阳光一晒，浑身发热，可是到了屋内背阴的地方，坐一会就手脚冰冷，这时候我就异常怀念山西的头脑。

头脑，可能除了山西太原的人外，知道的人不多，听说的大抵也认为是猪头猪脑做的一类东西。其实说到这头脑，倒真是一个流传百年的老吃食。《水浒传》第五十回《插翅虎枷打白秀英　美髯公误失小衙内》有一段话："那李小二，人丛里撇了雷横，自出外面赶碗头脑去了。"这可能是目前我所见的有关头脑最早的记载，但是因为仅此一句，也不知道此头脑是不是彼头脑。我说的头脑，是傅山老先生传下来的。

傅山，可能知道的人也不多，如果听说可能也是《七剑下天山》的功劳。大多数人都把傅山看作一位反清复明的人物，其实傅山不仅有如此抱负，在书法上更是别具一格，在儒学研究上一改前人注重经学的研究，在子学领域开创一代恢宏局面，并且还精通医道，有傅山的《青囊秘术》流传于世。傅山同时也是一位孝子，老母年事已高，身体日渐虚弱，傅山于是潜心研究，辨证配伍，根据"药食同源"的道理，创制出"八珍汤"，每天给老母服用，母亲身体恢复强健，寿84岁而终。

和傅山关系较好的一位甘肃平民，流落山西，生计艰难。于是傅山将此药膳传给他，助他开一小店。这八珍汤，既然叫八珍，其中有8种主料——黄芪、良姜、羊肉、羊髓、煨面、黄酒、藕块、长山药。其中，黄芪乃山西特产，主治气短、虚脱、心悸、自汗、体虚浮肿，归脾、肺经；良姜治脾胃中寒、脘腹冷痛，归脾、胃经；羊肉温中暖肾，补益气血，主治形寒肢冷、气血亏虚，归心、肾经；羊髓能补肾益髓、润燥泽肌，主治虚劳体弱、腰酸膝软、肺痿咳嗽，归肺、肝经；黄酒主行药势，能杀百邪恶毒、通经络、行血脉、温脾胃、养皮肤、散湿气、扶肝、除风下气；煨面就是炒熟的面粉，可以暖胃；莲藕可健脾开胃、止泻固精、强健脑力；长山药益气力、长肌肉，久服耳聪目明。这几味中药和几种食材，不仅搭配巧妙，把人体的主要脏腑都照顾到了，而且互相配伍合适，不是单一的补充某些功能，能够彼此互相促进人体的健康。

傅山的八珍汤不仅疗效好，而且口味佳，小店一时生意兴隆。傅山不仅要尽孝，还要为国尽忠。他开始逐渐整合反清复明的力量，就以八珍汤小店为联络点。为了表示对满清的愤怒，体现汉人正统，傅山正式把八珍汤改名为"头脑"，再在后面加上山西另一种风味美食的名字"杂割"（羊杂碎汤），为小店题写了招牌"清和元"，连起来就是"头脑杂割清和元"，表达他恨不能"饥餐胡虏肉"的豪情。而且清和元店门口挂红灯笼，人们也赶早提着灯笼去清和元喝头脑，隐喻"明"朝的意思，真是"天不欲明人欲明"啊。

头脑虽然看起来复杂，其实自己在家里也可以制作。关键是注意几个要点：1.羊肉要选绵羊腰窝肉，易于煮烂而且不腥膻；2.黄芪最好选正北芪，切好的放三四长条片就行；3.羊肉煮好后，清羊汤拌煨面加上山药小段，细细地熬，可以煮到面糊发稠、不分离为止；4.面糊煮好后再加藕片，但是稍沸即离火，一是为了藕片略显脆爽，形成质感的对比，另外也为了面糊色白稠浓，不变褐色。做好的头脑看起来面糊稠白，浓黏而有厚重感，喝到嘴里要求达到"甜、软、绵、香、热"，喝不了几口，就觉得胃里暖烘烘的，一碗喝完，也不见得身上出微汗，可是全身都通畅舒泰，仿佛外面有多大的风雪都能应付。

喝头脑有两样东西不能少。一是腌韭菜，选用霜降前收获的宽韭菜，去黄稍，摘拣后洗净，控干水分，切成约五六厘米长的段，加了精盐腌一二日，喝头脑时配一小碟，不仅口味上更加鲜爽，更重要的是腌韭菜就好比药引子，可以发挥头脑最大的功效；二是少不了"帽盒子"。帽盒子是太原特有的一种面食，就是烤饼子，但是比寻常烧饼小很多，短圆柱形，中间空，是用不发酵的面粉加入椒盐捏成两片空壳，合在一起，入炉烤制。喝头脑时把帽盒子掰成小块，泡在头脑汤里，喷香耐嚼，别有风味。

离开太原近 20 年，中间回去过 3 次。曾经当成件大事的专门去清和元喝了一顿头脑，才早上 7 点钟馆子里已经坐满了人。邻座的老大爷，从白露到立春头脑的供应期间，每天早上 5 点起床赶第一锅的头脑，那真是吃头脑的祖宗啊。老大爷吃完了一抹嘴，冲我说："小伙子，好，喝头脑的年轻人少，可是头脑真是个好东西，以后常来喝啊。"这话他说的底气真足，说完了微微眯起了眼，然后走到外面晒起了太阳。可不，我一抬头，真好的太阳。

撒撇

我第一次吃到撒撇是在云南腾冲。腾冲的民族不少，有傣族、傈僳族、回族、白族，等等。以前一说到傣族，我脑子里就会想起穿着筒裙的傣族小姑娘在凤尾竹下笑嘻嘻地走过。后来我才知道，傣族也有分支，有约定俗成的一些分类和称呼：生活在山地上的傣族俗称"旱傣"，在西双版纳热带雨林生活的傣族俗称"水傣"，而系着花腰带、头戴翻翘小斗笠的是花腰傣。

旱傣的名菜是撒撇。撒撇是一类食物，其实是指一种技法。"撒"在傣语里是"凉拌的意思"，"撇"表示肉类。所以撒撇可以拌不同的肉类，使用牛肉的就是牛撒撇；使用猪肉的就是猪肉撒撇，傣族称"撒达鲁"；使用鱼肉的就是鱼撒撇，傣语称"巴撒"。而撒撇又分三部分组成，一个是主料，一个是附菜，一个是撒撇汁。主料是选用什么肉。附菜比较丰富，但常见包括傣族特制细米线、黄瓜、刺五加、水乡菜、苦笋、马蹄菜等。撒撇汁分柠檬撒撇、牛撒撇等。柠檬撒撇味酸，有清凉解暑功效；牛撒撇味苦，有清热功效。牛撒撇这道菜具有药膳价值，可以帮助消化、健胃、消暑祛热。

最麻烦的就是牛撒撇了，真正的牛撒撇是很不容易吃到的。为什么？为了做这一道菜，要杀一头牛。通常都是村寨里的贵客到了，好客的傣家人会专门做这一道菜。撒撇用的主料是牛肠子里的苦肠汁，也就是牛吃了百草以后消化在肠子里还没有来得及吸收的百草精华。除了百草精华，还要用牛初步消化尚未反刍的胃汁。在杀牛前一个多小时，给牛喂一些傣乡特有的野草——五加叶和香辣蓼草。五加叶因为叶缘长刺，所以也叫刺五加，是一种清凉、味苦的中草药。香辣蓼草叶型似辣椒叶，味道又辣又苦，具有杀菌的功效。杀了牛后，从牛胃里取出这些初步消化的草汁，再加上其他佐料：小米辣、花椒面、花生末、八角、草果面、味精、盐，再放一些新鲜的切细了的五加叶和香辣蓼草，拌上从山里采来的野香葱，然后和这黑色的苦肠汁拌在一起，之后用傣家特有的香料香柳、野茴香等再加上一些青柠檬汁和匀，牛撒撇汁才算真正做好了。另外切一些精黄牛肉，做成肉泥，配上黄牛肚和牛脾脏，放在煮好的凉米线上。吃的时候用肉和米线蘸了肠汁一起食用，也可以把肠汁倒进去拌和食用。牛撒撇不仅味道独特，清香苦爽，而且还可以清热解毒。

牛撒撇的牛苦肠水，很多人一下子接受不了。其实这类似于中药里的百草霜。百草霜是我们烧稻草做饭黏附在锅底的草灰，不但具有丰富的百草营养成分，而且有清热解毒和健脾开胃的功效。苦肠水比百草霜的功效还要好，因为它没有经过煅烧。刚开始吃苦肠水觉得有点微苦，再食回味悠甜，加上清凉的香柳、酸爽的柠檬，撒撇便成了一道口味极佳的药膳食谱。胃热上火，风火牙痛，体内各种炎症，吃上一两次牛撒撇，就基本可以好了。你看，牛撒撇是真正的药食同源啊。

撒达鲁其实也不错。要用生猪肉做，做法是用猪的脊肉剁成泥，加上傣族特有的香料还有熬好的腌菜酸水做成蘸水，可是吃的不再是米线，而是小块的烧猪皮、切成丝的生木瓜、莲花白菜、青笋和胡萝卜等，味道酸甜清脆，口感极佳，而且清凉解火。

巴撒简单来说就是生鱼片加上鱼肉沫撒撇汁。取鱼脊肉（鲤鱼最佳，其他鱼也可）捣成泥状，放上柠檬汁，把剁细的香料韭菜、缅芫荽、香柳、小米辣等搅拌在一起，就做成了一碗蘸水，然后再准备一盘生鱼肉片，加上莴笋细丝或包菜细丝，吃时放进到蘸水里蘸一下，味道是酸甜的，也十分爽口。

"诈马"是只羊

元朝之时，宫廷盛行"诈马宴"。诈马宴是最高规格的宫廷宴请，属于"内廷大宴"，能参加诈马宴那是非常荣耀的一件事。查有关史料的食单，诈马宴上的吃食有："羊膊（煮熟、烧）、羊肋（生烧）、獐鹿膊（煮半熟、烧）、黄羊肉（煮熟、烧）、野鸡（脚儿、生烧）、鹌鹑（去肚、生烧）、水扎、兔（生烧）、苦肠、蹄子、火燎肝、腰子、膂肉（以上生烧）、羊耳、舌、黄鼠、沙鼠、搭剌不花、胆、灌脾（并生烧）、羊肪（半熟、烧）、野鸭、川雁（熟烧）、督打皮（生烧）、全身羊（炉烧）"，等等。看了半天，没"马"什么关系啊。后来一问，"诈马"是蒙语的音译，现在多翻译成"昭木"，其实是一个蒙古语词，是指褪掉毛的整畜，意思是把牛羊家畜宰杀后，用热水褪毛，去掉内脏，烤制或煮制上席。元朝的时候也有烤整牛的，那个想起来肯定更壮观，而流传到现在，最出名的就是烤全羊了。

最初的烤法很简单，据《蒙古秘史》等史书记载，成吉思汗时代，蒙古军队打仗造饭，经常搭一个三角架子挂一只整羊烤着吃。而《元史》也说，蒙古人"掘地为坎以燎肉"。到了元朝时期，建元立国，生活比较安逸，所以肉食方法和饮膳都有了很大改进。《朴通事·柳蒸羊》对烤羊肉做了较详细的介绍："元代有柳蒸羊，于地作炉三尺，周围以火烧，令全通赤，用铁芭盛羊，上用柳枝盖覆土封，以熟为度。"这烤全羊一直延续到清朝，在清代各地蒙古王公府第几乎都用烤全羊招待贵宾，是高规格的礼遇。

烤全羊之所以名闻遐迩，最主要的还是因为好吃。你想，把羊肉烤得毫无膻味，又能像烤鸭般美味，还不像烤鸭那样小里巴气的，管够，大口吃肉，多爽啊。烤全羊为什么好吃？首先是选用的羊肉质好，要选择膘肥体壮的四齿三岁以内，最好是一年半龄羊。而内蒙的羊多吃沙葱，本身肉质细嫩少膻。其次是屠宰时必须采用攥心法，即从羊的胸部开刀，把手伸入羊腔，攥捏其心脏致死，用这种方法杀死的羊不会大量出血，其肉格外可口。羊宰杀后不用剥皮，而是开膛取掉五脏和下水，洗净后用开水烫去羊毛，再用碱水内外洗净。烤制之前在羊的胸腔内放入各种佐料，四肢向上，羊背朝下，用铁链反吊起来，放入炉内烘烤。炉子是用红砖砌成，上面是穹窿顶，羊整理好形状后从烤炉上部侧口吊入，烤制的时候要关闭天窗和炉门，借用炉内高温，慢火烤炙，使羊腹中的佐料味逐渐渗透于羊肉之内，同时能使羊肉熟透。这几年为了加快烤羊速度，也有用大电炉子放在烤盘上整体烤的。

烤好的全羊要以羊羔跪乳的姿势摆入长方形大木盘内，嘴叼大绿芹菜或者香菜，顶部戴一红绸缎花。上桌后，由尊贵的客人先在背部画一十字刀口，意为已经切开，再由专人将羊剖卸成小块。一般配干辣椒味碟蘸食。这样的烤羊肉，外皮焦酥油润红亮，吃起来酥脆香嫩，毫无腥膻，肥而不腻，口腔内长久回味着香美之感。

其实新疆也有烤全羊，维吾尔语叫"吐努尔喀瓦甫"。做法类似，只是要先用调料制成糊涂抹羊坯进行入味腌制，然后用类似囊坑的炉具烤制。也不吊起，用酒杯口般粗的木棍一以贯通，两头斜立在地上和炉壁上烤制。其味道也很好，孜然的香气更突出。

粉蒸

米粉什么时候入馔的，我未查到资料。但是想来应该是源于南方稻米产区，北方不产稻米，粉蒸显得有点浪费。

粉蒸以前的技术含量很高，因为要不同的食材配不同的调料，还要用石磨把米研碎。现在超市里都有粉蒸料，倒是简单了很多。简单工业性的好处是标准化，标准化的问题是没有了粉蒸的美味，或者说起码不会有惊喜。

我的主业是管理培训，管理的很大一部分工作是标准化。标准化的好处是一致性，作为一个企业来说，需要标准化。否则，你在这家麦当劳吃到的汉堡是圆形的，换了一家麦当劳变成了三角形的，顾客心里该敲小鼓了——这不是一家吧？但是作为美食体系来说，又不能够标准化。所以你看，美国可以出现麦当劳、肯德基，两个快餐品牌打天下，投资人很高兴，民众也没有意见。可是美国永远出现不了在烹饪史上可以留下一笔的美食。我曾经和一个法国知名的大厨聊天，作为西餐是有配方的，可是他又说，真正的美味都在不经意间。即使是他，在烹饪的时候，也是不按照配方的，而是他希望呈现给顾客的感觉。话说回来，超市里的粉蒸料做出的粉蒸菜是不是能吃？绝对能吃！是不是美食？你敢说它是美食，我绝对要怀疑你的审美能力。

美食和工业化天生是矛盾的。美食是一种情意，它在精心准备、充满感情的制作过程里酝酿和发酵；工业化是一种效率，它为的是完成吃饭这项任务，目的是完成，不是吃了什么。但是美食和工业化又和谐存在着，因为上班时的饮食可以工业化，但是居家的饮食，还是不要那么懒吧，起码我们可以通过居家餐食学习如何表达自己真实的情感。

粉蒸菜很重要的是做粉。用大米，也可以加一点糯米增加口感，加上大料、桂皮、干辣椒、花椒等调料，一起放入锅中，不用油，用小火不停焙炒。待到大米颜色变黄时，加入盐，继续小火焙炒。一直炒到米粒焦黄，大料、花椒都有焦香味道的时候，即可关火。没有石磨的用家用食物研磨机也是可以的，把炒好的材料一起倒入研磨机后反复打磨，直到米粒还有部分粗颗粒的时候，蒸肉米粉就做好了，等米粉凉后，将它们装到密封袋或密封盒里保存，随取随用。

再往下就比较简单了。把食材切片，趁着水分润泽的时候拌入米粉，揉捏沾匀，就可以上笼蒸。蒸到肉熟，由里向外浸出油脂，让米粉上有油脂的光泽就可以出锅了。撒点葱花，一片红艳里衬着点点绿，空气里都是米粉特有的香气，胃里立刻就活络了。有的时候为了增加清香味，也把食材包裹起来蒸，包裹物通常都用荷叶，比如浙江的荷叶粉蒸肉。

我吃过的米粉菜里面，对四川成都的小笼粉蒸牛肉和云南大理的清真粉蒸牛肉最感兴趣。四川小笼牛肉，还要加郫县豆瓣等特殊的调料，别的地方没法比，小蒸笼很可爱，牛肉上面还点缀一撮香菜，水灵灵的鲜。牛肉的味道很浓，粉也质感香沙，辣得过瘾。大理的清真粉蒸牛肉，以前古城里人民路下段有一家叫作"金树"的店做的最好。下面垫的是干豌豆，牛肉很烂，不是辣味的，更能尝出米粉的谷物香气，还有下面干豌豆糯糯的一团粉，确实搭配的非常对味。

它，似蜜

清真整治羊肉，那是一绝，没法比的。

北京老的清真馆子我常去的是烤肉季和紫光园，前者以烤肉出名，后者成了北京平民化的风味餐厅。烤肉季的烤肉确实好吃，不过我始终搞不清楚它到底是蒙古烤肉还是清真烤肉。烤肉季的其他吃食也是不错的，尤其是那些北京的传统菜，比如，它似蜜。它似蜜紫光园也做，味道也很好，这倒是遂了我的心。

光看它似蜜的名字，如果没吃过，一般人绝对猜不出来这道菜是羊肉做的。羊肉实际上是非常好的食材，尤其是在补养人体虚劳方面，而且这种补养，是缓慢而有效的，不存在什么虚不受补的情况。故而，在清代，无论是民间还是宫廷，都把羊肉作为一个重要的食疗品种。从现存的《清宫膳底档》来看，羊肉出现的频率很高，一方面和满族的饮食习惯有关，另一方面和慈禧的推动有关。当然，这并不是慈禧有意而为，只能说，她有一个水平很高的御医。

从慈禧的日常食疗方子来看，经常出现的不是名贵药物，但都非常适宜和对症。

例如当《起居注》中出现了慈禧略有腹泻的时候，在《膳底档》中焦米就出现了，而焦米正是用来治疗腹泻、补养身体微量元素的，即炒焦的小米是也。慈禧年纪大了以后，牙齿也不是很好，所以慈禧偏爱软烂质感的食物，又比较喜欢偏甜口。从中医的角度来看，肾的意义很大，但中医的肾，不是指一个脏器，更多地是指一种以肾脏为主的人体防御机能。所以肾的好坏表现在很多方面。最基本的是"肾主骨生髓，其华在发"。一个人的肾好，他的骨头就比较强壮，而头发也会有光泽。中医又说，"齿为骨之余"，意思是牙齿也是骨头的延伸，故而牙齿不好也反映肾的毛病。

肾的机能对男女都一样，甚至在女性的身上表现得还更明显。我们常说"黄毛丫头"，其实那是小女孩在五六岁前肾气、肾精还不充足，故而头发色泽不好。通过正常的饮食和发育，长大了，头发自然就黑亮了。而女性过了 50 岁，肾气又开始衰弱，牙齿松动，头发稀疏，都是很正常的。我们看到慈禧的日常饮食里很多补养肾气的食材，比如黑豆，再比如，羊肉。李时珍在《本草纲目》中说："羊肉能暖中补虚，补中益气，开胃健身，益肾气，养胆明目，治虚劳寒冷，五劳七伤。"但是羊肉入膳，最大的问题是膻味浓重。如果是民间，还可以用大葱、芫荽甚至孜然等浓重味道的香料遮盖，可是慈禧不好那一口。故而，逼得御厨们左思右想，创制了一道"蜜汁羊肉"。

羊肉要想蓬松软嫩，必须码味挂浆。因此蜜汁羊肉是用羊里脊肉或羊后腿精肉切片，用鸡蛋和生粉挂糊，入热油锅炒散，加上姜汁、糖色、酱油、醋、黄酒、白糖、淀粉等调成的芡汁勾芡而成。做好的蜜汁羊肉，色泽黄中带红褐，滋润诱人，仿若杏脯。吃起来，松软柔嫩，香甜如蜜，回味略酸，绝无腥膻。蜜汁羊肉的做法看似简单，却步步都是功夫，一步不到位，整道菜就做砸了。

慈禧特别喜欢这道菜，觉得羊肉能如此简直不可想象。一问名字，觉得太直白，遂命名"它似蜜"。

淮南的酱豆和牛肉汤

我仗着母亲是安徽人，吃过几两苔菜，便经常"折磨"曾经共事的安徽同事。她们是淮南人，本来对涡阳产的苔菜也不熟悉，我便经常笑她们不是安徽人。

不是不报，时候未到。一次她们回家，来的时候专门带了老家的特产"香辣酱豆"给我吃，我觉得像是裹了辣椒酱的水豆豉，遭到一片讥笑。我便也面上讪讪，给她个机会让她给我做培训。

这酱豆很家常，听着做起来也不难。一定要选颗粒饱满的黄豆，然后挑市面上最红最辣的干辣椒，碾成细粉，越细越好。其他还要准备花椒粉、大蒜、五香粉、盐，还要炼点油。先把黄豆洗个三五遍，用温水浸泡五六个小时，捞去铁豆子，剩下的等泡膨胀了，搓去豆子皮。然后把去皮黄豆放在锅里使劲煮，煮到一捏豆子就碎了才行。捞出豆子沥干水，再放到蒸笼里蒸。这时我打断她："你们安徽人跟黄豆有仇呀，这么整治人家。"被打了一顿我老实了，接着听。蒸好的豆子要趁热放在干净坛子里，放在阴凉地里等它长毛。一般三五天，豆子表面都是白毛，这时候把豆子掏出来放到干净盆里，把炼好的油、花椒面、大蒜末、五香粉、盐和豆子拌匀，直到每个豆粒都裹匀了，酱豆就做成了。

同事接着问："知道酱豆什么味儿吗？"我挣扎着说："知道。说不出来的一种香，辣的可过瘾啦。可是又不是干辣，油乎乎的，可香啦。呃，就是有点咸。""你怎么知道的？"同事突然反应过来，看着已经空了半瓶的酱豆，瞪我的时候我还直冲她翻白眼儿。她也不生气，就是啊，谁吃了两碗米饭、半瓶酱豆不撑得翻白眼儿啊？

后来跟着她们一起去淮南招工，又被她们带着去吃了牛肉汤，也是大爱。虽然是汤，但是不是喝，而是吃，吃的还挺带劲儿，咱们慢慢说。

淮南牛肉汤，是淮南那些菜市场里的小店做得最好。这就是小吃，带着乡土气，然而这种乡土气，是有根基的，支撑它们在民间活了上百年。不相信你问一个淮南人，离开家你最想念什么？ 10 个里面有 8 个说是牛肉汤。

牛肉汤哪儿还没有啊？淮南的还就是不一样。淮南顾名思义，在淮河南岸，这就先占了自古富庶的先机。而淮南当地古沟一带是回民聚居区，牛肉首先保证了是产地优质牛肉。"唱戏的腔，做菜的汤"，老话都是真理。淮南牛肉汤要先用牛骨头熬它个汤清味浓，然后把牛肉用流水泡透血污，再加上内脏在汤里同煮。再用自己加工好的牛油，炸好红辣椒，做成红油，那绝对比我们超市里的辣椒油味浓且香。如果仅仅是这个，也还不算特别拔尖。关键是配料里还有两样，那真是除了淮南不可匹敌。这第一样是粉条，淮南的粉条煮好了那真是透亮、弹性好、味道足。这第二样是豆腐皮。豆腐哪里发明的？淮南王刘安啊。在哪发明的？淮南八公山啊。你说淮南的豆腐皮能不好么？

　　牛肉汤吃也有讲究，来客的时候，再用滚烫的牛肉汤烫粉条、豆腐皮，一滚当三鲜，然后再切好牛肉片，一碗上桌，真是热腾腾、香喷喷。也不光喝汤，还要配上特制的葱花饼，两面都焦脆脆的，透着浓郁的葱香，吃口饼、喝口汤，你也就知道为什么淮南人那么爱他们的牛肉汤啦。

简阳羊汤

　　著名美食评论家董克平老师曾经做过北京广播电台的编辑，那几年他超级爱喝简阳羊汤。说到羊汤，我们山西人也是鉴定高手，因为我们的羊汤也是很出名的。经我亲自"以身试法"，果真，简阳羊汤味道好极了。

　　简阳是四川的一个县级市，归属成都市管辖。特别是成都新机场建成后，大部分的国际航班都由简阳机场起降，简阳迎来了一个发展期。其实简阳也是一个古城。四川很多城市都以"阳"命名，古时候称一个地方，山南水北叫阳，这基本是一个命名规则。但是简阳的得名和此无关，简阳叫作简阳不过100年的历史。简阳以前叫作简州，不带"阳"字。1913年，全国废弃府、道、州的区划，四川所有带"州"的地方全部改名。因而，绵州改名为绵阳，资州改名资阳，简州改名为简阳。但并不是所有州都改为阳了，比如汉州改为广汉、邛州改为邛崃。绵阳因为位于棉山之南，因此改名绵阳。简阳因为古时候曾经是阳安郡所在地。取简州和阳安的首字，改名为简阳。

名字变了，物产也有所发展。简阳属于丘陵地貌，原产山羊，体格强健。20世纪40年代，宋美龄女士出访美国时，美国总统夫人赠送她40只努比亚山羊，归国后，放养在成都平原龙泉山脉一带。这些努比亚山羊与本地山羊杂交后形成了更为优异的后代，毛色呈现亮丽的黄褐色或棕红色，耳朵很大，因而笼统地称为"简阳大耳羊"，是非常优质的肉用山羊。

有了好的食材，自然会衍生出美食。简阳羊汤应运而生。传统的四川简阳羊汤分清汤和白汤两种。清汤即清水直接加羊肉煮熟。白汤就复杂了。煮羊肉前先煮羊骨架，直到熬制汤呈乳白，感觉黏稠时下调料，然后再煮羊肉。不管清汤、白汤，能把膻味压住的就是好汤，不仅要没有膻味，还要提出香味来。

实际上，做任何羊肉食品，首先最重要的是羊好。内蒙的羊好，因为经常吃沙葱，所以膻味极小，这才能做白水手把肉，否则还不膻死你。简阳大耳羊的膻味也小，不仅是因为血脉的关系，同样得益于环境。简阳的野生植物众多，其中很多是中草药，简阳山羊就是吃这些长大。另外，近几十年来，简阳羊汤的做法越来越讲究，人们将切好的熟羊肉回锅爆炒，再加进一些调料，味道比原来更鲜。

做简阳羊汤，先单独煮好羊肉，然后准备回锅爆炒。羊肉入锅爆炒前先放入两条鲫鱼油炸，那鱼羊一锅，活脱脱是锅里煮着一个"鲜"字了。炸好了鲫鱼，接着用盐、胡椒粉、茴香粉爆炒羊肉，锅气起了，就加入老羊骨汤和刚才炸过的鲫鱼一起煮，煮到汤浓稠白，就可以盛在碗里了。吃的时候，要准备调味碟，四川人叫"打个海椒碟子"，里面是葱花、辣椒面、盐、花椒粉，等等，但是唯独没有香菜。简阳人认为，香菜味道过于浓郁，反而遮盖了羊汤的鲜美。

一碗简阳羊汤，汤质奶白，稠浓发黏，好像有胶质般，羊肉细嫩、肥而不腻，喝到胃里，舒舒服服浑身发散暖意，令人很久之后仍然十分怀念。

安全食品厂商倡议

以勤谨、真诚之心
做安全健康食品，
以表达我们对大地的敬意！

北京环球盛达科技有限责任公司

执着健康 善泽天下

北京环球盛达科技有限责任公司致力于打造美食基地和互联网平台、茶空间、高端社区便利连锁的综合服务网络，将经过实地考察可追溯其生态原产地的优质食材和产品推荐给消费者，为广大追求健康的企业和个人提供全方位的优质服务。服务包括：优质茶酒等健康食材，健康茶旅、养生之旅等主题旅游、茶艺师培训、营养师培训和沙龙会所服务，茶具、红木、玉石、书画等文化服务。目前已经和银联、各大学、旅行社、大型国企集团建立长久的供货合作台，获得广泛赞誉。

食品经营许可证号:JY1105051052926
地址：北京市朝阳区左家庄前街 1 号 5 号楼 2 层 3207 房间
电话：010-53349511 13601016800
信用代码：91110105MA0043DQ2C
邮箱：1286721003@qq.com
网址：http://www.hqsd001.com

北京恒康天诚贸易有限公司

进口商品一站式批发 健康 诚信 共赢

健康美食是我们生活中不可或缺的一部分，进口食品在消费者心中的分量也日益增加。北京恒康天诚贸易有限公司专注于进口食品一站式批发，秉承"品质第一，携手共赢"的宗旨，"健康、诚信、共赢"的理念，整合优质供应链，将全球更多健康美味的进口食品引进国内。

食品经营许可证号:91110102790691327P
地址：北京市朝阳区黑庄户乡双树南村 357 号
电话：010-56288066
旺旺：hktc1314
邮箱：hktc1314@hktc360.com
网址：www.hktc360.com

图书在版编目（CIP）数据

恋味：味在舌尖心无间 / 李韬著 . -- 上海：上海社会科学院出版社，2019
ISBN 978-7-5520-2917-8

Ⅰ . ①恋… Ⅱ . ①李… Ⅲ . ①饮食－文化－中国

Ⅳ . ① TS971.2

中国版本图书馆 CIP 数据核字 (2019) 第 191366 号

恋味：味在舌尖心无间

李韬 著

责任编辑：温欣 张钦瑜
项目策划：知味文化
装帧设计：北京知墨堂文化传播有限公司
出版发行：上海社会科学院出版社

地 址：上海顺昌路 622 号 邮 编：200025
电话总机：021-63315947 销售热线：021-53063735 13121066272
http://www.sassp.org.cn E-mail：sassp@sassp.cn

印 刷：北京美图印务有限公司
开 本：710×1000 毫米 1/16
印 张：11.25
字 数：196 千字
版 次：2019 年 10 月第 1 版 2019 年 10 月第 1 次印刷

ISBN 978-7-5520-2917-8/TS.010 定 价：49.00 元